JN033723

組合せ論
トレイル

Combinatorics Trail

山田

Hiro-Fumi YAMADA

裕史

日本評論社

　本書は『数学セミナー』の連載「組合せ論彷徨」(2022 年 4 月号-2023 年 3 月号)に「第 0 講　まくら」と「集中講義(全 5 時限)」を付け加えることにより,出来上がった.同じようなスタイルで 2009 年に『組合せ論プロムナード』を出版してから 15 年,私にとって 2 冊目の著書である.

　前著と同じく「高校生から専門家まで」という幅広い読者層を想定している.教科書ではないので気楽に眺めて欲しい.論理的に筋が通らない部分も多々あると思うし,ほとんどの主張に証明はついていない.数学書の体裁になっていないのである.だから「数学エッセイ」と呼ぶのが適切だろう.そもそも私が構えずに気楽に書いているのである.数学者仲間と,あるいは学生とコーヒーを飲みながら雑談をするような感じだ.

A mathematician is a device for turning coffee into theorems.

　細かい証明よりも理論の流れ,議論の本質が浮き上がるように話す,というスタイルで原稿を準備した.本書を見て題材に興味を覚えたら,ぜひちゃんとした本なり論文なりできっちりとした議論を学んで欲しい.本書が「引き金」になればいいと思っている.

　本書の主題は組合せ論である.この分野のカバーする範囲は広い.少なくとも数学のどのような理論でも必ず組合せ論的な側面がある.そういうところに焦点を当てて題材を選んでいる.組合せ論はしばしば「離散数学」とも称される.厳密には若干意味が,あるいはニュアンスが異なるのかも知れないが,この語を好む人も多い.しかし微分方程式などもその視野に入ってくる「私の組合せ論」,すなわち「私の数学」は離散数学とは言えないように思う.

　前著同様,グラフ理論には触れない.解析学や代数学などから組合せ論的な材料を抽出するという本書の基本的スタンスと,グラフ理論が相容れないよう

な気がするのだ．以前ある表現論の論文で見つけた言葉 "noncombinatorial combinatorics" というのが本書に相応しいように思う．全体を貫く一つの軸が「整数の分割」である．これを絵にした「ヤング図形」と言ってもよい．素朴なモノであるがゆえに数学のさまざまな場面に顔を出すのである．実際には整数の分割に付随する「シューア函数」にも重点を置いている．

第0講は噺の「まくら」である．本書はどこからでも読めるようになっているが，このまくらには最初に目を通して欲しい．準備体操になるはずだ．本編は全 12 講．連載した順に並べてある．最後に「集中講義」という形で，佐藤幹夫の可積分系の理論，すなわち KP 理論の導入を試みた．この集中講義に関しては，まだ私自身の理解が不十分な箇所も多々ある．今後，より深く考えていきたいが，読者への問題提示という意味合いもある．読み方次第では研究課題の種となり得るかもしれない．

私が学生の頃，久賀道郎の『ガロアの夢』(日本評論社，1968)という本がよく話題になった．数学専攻の学生は必ず購入し，手元に置いておくべきものとされた．オバ Q が登場する最初の部分はともかく，中盤以降は相当に難しく大学 1 年生が読めるものではなかった．それでも数学という学問の奥深さ，雄大さが十分に伝わってくる本物の名著であった．数学を学ぶ喜びを教えてくれた．

恐れ多いが本書が『ガロアの夢』みたいなものになればいいなと思っている．初学者，あるいは初学者以前の読者に夢を与えられるような書物であって欲しい．そんな「ヤマダの夢」を乗せた本書である．

原稿を準備する際，多くの友人からコメントやエールをいただいた．そしてそれらは力強い支えとなった．深く感謝の意を表する．また折に触れての講義やセミナーで本書の内容を聴いてくれた学生諸君にはありがとうと言いたい．少しでも彼らの糧になればうれしい．連載時から日本評論社の道本裕太氏，入江孝成氏，大賀雅美氏にはお世話になった．篤く御礼申し上げる．

妻，こずえに愛と感謝を込めて本書を捧げる．

2024 年 6 月

山田裕史

目次

　本編(第 0 講–第 12 講)で使われている記号(全部ではない)をまとめた. その
ときどきで暫定的に使われるもの, たとえば「函数 f」といったものはもちろ
ん挙げていない. また初出のものだけである. たとえばシューア函数 S_λ はあ
ちこちに登場するが, 初出の場所だけに記しておいた. 場所もページ数ではな
く「第 X 講」というふうにしてある. さらに記号の説明はこの一覧にはつけて
いない. 該当箇所を見てもらえれば, そこに説明されていることが多いので,
不要かなと思った次第.

◉**本編**

第 0 講● $[n]$, S_n, $\ell(\sigma)$, $P(n)$, $p(n)$, P, $ST(\lambda)$, $SST(\lambda, N)$, s_λ, G_λ, $SVT(\lambda, N)$, $F(a, b, c\,;\,x)$.

第 1 講● f^λ, $P(\sigma)$, $Q(\sigma)$, $G_{r,1,n}$.

第 2 講● $D(\sigma)$, $D(T)$, $\mathrm{maj}(\sigma)$, $\mathrm{maj}(T)$, $\mathrm{cch}(\sigma)$, $\mathrm{cch}(T)$.

第 3 講● $\chi^\lambda_{(r^n)}$.

第 4 講● a_λ, b_λ, z_λ, $a(n)$, $b(n)$, χ^λ_ρ, T_n.

第 5 講● $P_r(n)$, $P^r(n)$, $p^r(n)$.

第 6 講● $S_\lambda(t)$, $S^{(r)}_\lambda(t)$.

第 7 講● $LR^\nu_{\lambda,\mu}$, D_n.

第 8 講● $\widehat{\mathfrak{sl}(n)}$, $\mathfrak{q}(n)$.

第 9 講● $\mathrm{Ind}^G_K \rho$.

第 10 講● $a_{\lambda+\delta}$, h_n, e_n, p_n, $\eta(t, z)$, $(a \mid b)$.

第 11 講● $S_{\ell_0 \ell_1 \cdots \ell_{n-1}}(t)$, $GM(n, N)$, $\xi(t, z)$, $q_n(t)$, $Q_{\ell_0 \ell_1 \cdots \ell_{2m-1}}(t)$.

第 12 講● $P(D_x, D_t)$.

◉**集中講義**

1 時限● $\mathcal{D}$, $\mathcal{D}^{mon}(n)$, $\mathcal{K}$, $\mathcal{C}$.

2 時限● $\mathcal{E}$, $\mathcal{E}^{mon}(n)$, $FR(N, n)$,

4 時限● ESP, OSP, Hir.

5 時限● $\mathcal{V}$, $L(r^2, 1)$.

組合せ論トレイル

まくら

　このまくらでは，本書を読むための予備知識というか準備運動的な事柄をざっと復習しておくことにする．物によっては詳しい定義は後で述べることもあるだろうし，逆に繰り返しになることもあるかも知れない．重複を厭わず基本的なところを述べたいと思っている．というのも，「高校生にも読める」と謳っておきながら本書にはいささか難しい箇所があるのだ．完全に数学の研究者を念頭に置いて書き綴った部分もある．始めから「一言もわからないや」と投げ出されないよう，せめて最初の部分ぐらいは「わかった」という感覚を持ってもらいたい，そして本書を購入してもらいたいとの気持ちからこのまくらを準備している．「まくら営業」だ．

対称群

　節の表題としてあげた対称群は本書に繰り返し陰に陽に登場する．n を 1 以上の自然数とする．集合 $[n] = \{1, 2, \cdots, n\}$ 上の全単射の全体を S_n と書いて「(n 次)対称群」と呼ぶ．早速馴染みのない言葉が出てきた．「全単射」とは 1 対 1，上への写像という意味である．要するに n 個の文字 $1, 2, \cdots, n$ の入れ替え，あるいは置き換え(置換)の全体と考えればよい．高校までは置き換えなどという操作が数学の対象になる，ということはなかった．"高校と大学の数学の違いの一つだ"などと言われることもあるが，たとえば写像や函数だって「操作」には違いない．だから写像の合成は一般に交換法則が成立しない．こういうことには高校生だって十分慣れ親しんでいるはずだ．まあいずれにしても文字の置き換えの合成を考えることができる．2 つの置換 $\sigma, \tau \in S_n$ の合成 $\sigma\tau \in S_n$ を $\sigma\tau(i) = \sigma(\tau(i))$ $(i \in [n])$ で定義する．これを「積」と呼ぶのだ．写像の合成を積と称すのは，行列の場合と同様だ．数学にある程度親しんでいると，積には交換法則がない，という感覚が身につく．さて「何も置き換えないのも置換

の一つ」と考えて「恒等置換」$\varepsilon \in S_n$ が $\varepsilon(i) = i$ $(i \in [n])$ と定義される．また「もとに戻す置き換え」というのもある．つまり $\sigma \in S_n$ に対して $\sigma^{-1}(i) = j \Leftrightarrow i = \sigma(j)$ により「逆置換」$\sigma^{-1} \in S_n$ が定まる．n 文字の置き換えが全部で $n!$ 個あることは明らかだろう．もちろんビックリマーク（!）は「階乗」のことだ．よく $0! = 1$ という式に拒否反応を示す人がいる．これは単なる約束だと思ってほしい．$n! = n \times (n-1)!$ という定義式を $n = 1$ に当てはめただけだ．「形式不易の原理」の適用だろう．

　大学で対称群があからさまに出てくるのは行列式の定義が最初だろう．その際，置換の符号なるものが重要な役割を果たす．すべての置換は偶置換と奇置換に分かれる．
$$\ell(\sigma) = \#\{(i,j) \in [n] \times [n]; \ i < j, \ \sigma(i) > \sigma(j)\}$$
を σ の「長さ」という．ここで $\#$ は集合の元の個数を表す一般的な記法である．ただし私は集合が A といった簡潔な文字で表されているときには $\#$ ではなく $|A|$ という書き方を好む．長さが偶数（resp. 奇数）のものが偶置換（resp. 奇置換）だ．$n \geq 2$ ならばちょうど同数個あることは簡単に示される．すべての置換が「隣接互換」，すなわち i と $i+1$ の入れ替え（ほかの文字は不動）という置換 σ_i $(i = 1, 2, \cdots, n-1)$ の積で書けることは，あみだくじなどの経験からわかると思う．つまりこれらが対称群 S_n を「生成」しているのだ．また偶数個の積で書ける，ということと偶置換であることが同値となる．偶置換の全体は S_n の部分群 A_n をなし「交代群」と呼ばれる．置換の符号とは $\mathrm{sgn}(\sigma) = (-1)^{\ell(\sigma)}$ のことである．これは群 S_n から群 $\{1, -1\}$ への準同型になっている．つまり $(-1)^{\ell(\sigma\tau)} = (-1)^{\ell(\sigma)}(-1)^{\ell(\tau)}$ を満たしている．言い換えればこの符号は S_n の1次元表現を与えている．大学1年生は線型代数のごく初めの方で対称群の非自明な表現に触れているのだ．1次元なので表現を「指標」と言っても同じことだ．対称群の既約表現をラベル付けするために分割とかヤング図形と呼ばれるものを用いるのが普通である．これを次の節で復習しておこう．

ヤング図形と標準盤

　自然数 n の分割とは自然数のベクトル $\lambda = (\lambda_1, \cdots, \lambda_\ell)$ で条件 $\lambda_1 \geq \lambda_2 \geq \cdots \geq \lambda_\ell \geq 0, \ \lambda_1 + \cdots + \lambda_\ell = n$ を満たすもののことである．たとえば $\lambda = (4, 3, 1)$ は 8

の分割である．成分の個数 ℓ を分割の「長さ」と呼び，$\ell(\lambda)$ で表す．n の分割全体のなす集合を $P(n)$，その元の個数を $p(n)$ で表す．また特に $P(0) = \{\emptyset\}$，$p(0) = 1$ と約束する．この記号は本書に何度となく登場する．サイズの指定なしの分割の全体を P で表す．つまり $P = \bigcup_{n=0}^{\infty} P(n)$ だ．分割に対しては次のような「ヤング図形」が対応する．

　ただ分割を図にしただけなのだが，このマス目にいろいろな数を書き入れることにより，対称群や一般線型群の表現の性質を表すいろいろな数値が計算できるという意味で，このヤング図形は「画期的な発明」と言えるだろう．A. ヤング (1873-1940) と J. H. グレースとの共著 "The Algebra of Invariants" (Cambridge University Press) [1] という不変式論の本も有名である．対称群 S_n の既約表現は n の分割，すなわちマス目の個数が n のヤング図形でラベル付けられるのである．さまざまな構成法が知られている．堀田良之氏の『加群十話』（朝倉書店）[2] にその一つ，シュペヒト加群の構成が明快に述べられている．前節で出てきた「符号表現」は分割 $(1^n) = (1, 1, \cdots, 1)$ に対応する．ヤング図形では「縦一本」だ．対称群の 1 次元表現はもう一つあり，こっちはもっと自明だ．つまりすべての $\sigma \in S_n$ に数 1 を対応させるのだ．自明表現とは言わず「恒等表現」と呼ぶ．これは分割 (n) に対応する．つまり「横一本」だな．縦にしろ横にしろ「一本」のヤング図形は 1 次元表現に対応する．一般のヤング図形に対応する既約表現の次元はアプリオリにはわからない．ところがヤング図形のマス目の中に数を書き入れるという作業で，その次元が計算できるのだ．

　まず標準盤を定義しよう．n 個のマス目を持つヤング図形に自然数 1 から n を一つずつ書き入れる．ヤング図形の上から i 番目，左から j 番目のマス目を，行列の場合と同じく (i, j) 成分と呼ぶことにする．そこに書き入れられる自然数 $T_{ij} \in [n]$ に次の条件を課す．

$$T_{ij} < T_{i,j+1}, \qquad T_{ij} < T_{i+1,j}$$

このような条件を満たす数字入りのヤング図形を「標準盤」と呼び，その全体を $ST(\lambda)$ で表す．

1	3	4	8
2	5	6	
7			

,

1	2	4	5
3	6	8	
7			

　与えられたヤング図形の標準盤の個数が，対応する既約表現の次元にほかならないことが証明される．もちろん，きちんと数学の議論をしなければならないが，今は省略しよう．標準盤の個数に関する「フロベニウスの公式」を挙げておく．ヤング図形（分割）を $\lambda = (\lambda_1, \cdots, \lambda_\ell)$ とするとき $\mu_i = \lambda_i + \ell - i$ $(i = 1, \cdots, \ell)$ として新たな分割 $\mu = (\mu_1, \cdots, \mu_\ell)$ を作る．これは $\mu_1 > \mu_2 > \cdots > \mu_\ell > 0$ を満たす．成分の間の不等号がストリクトなので，「ストリクト分割」と呼ばれる．このとき

$$|ST(\lambda)| = \frac{n!}{\mu_1! \cdots \mu_\ell!} \Delta(\mu_\ell, \cdots, \mu_1).$$

ただし，ここで

$$\Delta(\mu_\ell, \cdots, \mu_1) = \prod_{i<j}(\mu_i - \mu_j)$$

は差積である．たとえば $\lambda = (4, 3, 1)$ の場合，$\mu = (6, 4, 1)$ となって，標準盤は70個あることがわかる．標準盤の個数の公式としては多分「フック公式」の方が有名であるが，方々に書かれているのでここでは別のものを紹介した．証明については，たとえば岩堀長慶氏の本[3]を眺めてもらいたい．

半標準盤

　この小節では別の群を考える．一般線型群（General Linear group）だ．

$$GL(N, \mathbb{C}) = \{g \in M_{N,N}(\mathbb{C}) ; \det g \neq 0\}$$

つまり $N \times N$ の正則行列のなす群のことだ．連続濃度の無限群なのに，そんなに大きい気がしない．$GL_n(\mathbb{C})$ あるいは成分の所属を省略して GL_n と書かれることも多い．この群の有限次元既約表現もヤング図形でラベル付けられる．一般線型群と対称群はある意味「双対」なものであって，だから同じヤング図形が表現を分類するのだ．名前ばかりで申し訳ないが，「シューア–ワイルの相互律」と呼ばれる素晴らしい定理がある．定式化と証明は先の岩堀氏の本[3]をご覧いただきたい．もちろん本来ならば御本家ワイルの "The Classical

Groups"（Princeton University Press）[4]を薦めるべきだろうが，いささか難しかろう．私は訳本，海賊版も含めて4冊所有しているが，ときどき部分的に拾い読みする程度である．相互律について，私は服部昭氏の『群とその表現』（共立出版）[5]という古い本で勉強した．

　一般線型群の既約表現の次元を与える公式の説明のため，ヤング図形の「半標準盤」を定義しよう．n個のマス目を持つヤング図形に数$T_{ij} \in [N]$を次のルールで書き入れたものを半標準盤と呼ぶ．

$$T_{ij} \leqq T_{i,j+1}, \qquad T_{ij} < T_{i+1,j}$$

こういうのが存在するためには$N \geqq \ell(\lambda)$でなければならない．半標準盤の全体を$SST(\lambda, N)$で表す．

1	1	2	4
2	3	3	
4			

，

1	1	1	2
2	2	4	
3			

　分割λと自然数Nを決めたとき，半標準盤の個数は$GL(N, \mathbb{C})$の既約表現の次元を与える．これは個々の半標準盤が表現空間の基底元に対応するという形で示される．表現の構成については手前味噌ながら野海-山田-三町の論文[6]がわかりやすいと思う．ただしこれは「量子化」された形で書かれているので「古典極限」をとって読んでもらう必要がある．大袈裟だな．パラメータqを1にすればいいだけのことだ．さて半標準盤の個数については，つぎの「フック公式」がある．

$$|SST(\lambda, N)| = \frac{\prod_{(i,j) \in \lambda} (N - i + j)}{\prod_{(i,j) \in \lambda} h_{ij}}$$

ここで

$$h_{ij} = \lambda_i - j + \lambda'_j - i + 1$$

は$\lambda = (\lambda_1, \cdots, \lambda_\ell)$のマス目$(i,j)$のフック長である．ただし$\lambda$の転置を${}^t\lambda = (\lambda'_1, \cdots, \lambda'_k)$とした．式で書くとわかりにくいが，マス目$(i,j)$の右にあるマス目の個数$\lambda_i - j$を「腕の長さ」，下にあるマス目の個数$\lambda'_j - i$を「脚の長さ」とし，それらの和に「胴体」の1を加えたものだ．たとえば縦一本$\lambda = (1^n)$の場合，$|SST(\lambda, N)| = \binom{N}{n}$であることは（フック公式によらずとも）すぐにわかるだろう．

さて半標準盤 $T \in SST(\lambda, N)$ に対して，数 $i \in [N]$ の登場回数を $w_i(T)$ で表し，T における i のウエイトと呼ぶ．不定元（変数）$x = (x_1, \cdots, x_N)$ を準備してウエイト単項式 $x^{w(T)} = \prod_{i=1}^{N} x_i^{w_i(T)}$ の和を考える．

$$s_\lambda(x) = \sum_{T \in SST(\lambda, N)} x^{w(T)}$$

これを「シューア多項式」と呼ぶのだ．n 次斉次多項式だ．また直ちには見て取れないがこれは対称多項式である．半標準盤のウエイト $w(T) = (w_1(T), \cdots, w_N(T))$ は一般線型群の表現空間の元の表現論的な意味での「ウエイト」である．つまり半標準盤は表現のウエイト基底そのものなのである．ウエイト（要するに固有値だ）の和のことを表現の「指標」と呼ぶ．だからシューア函数は既約表現の指標を与えているのだ．（ちょっと大雑把な説明だが，もう少しちゃんとした解説は本編を見られたい．）この指標を「シューア函数」と呼んだのはリトルウッド（D. E. Littlewood）とリチャードソン（A. R. Richardson）が最初らしい．ただしシューア（I. Schur 1875-1941）よりも前にヤコビ（C. G. J. Jacobi 1804-1851）が研究対象としていた．次数を n と定めた N 変数対称多項式のなすベクトル空間を Λ_N^n とすれば

$$\{s_\lambda(x) ; \lambda \in P(n), \ \ell(\lambda) \leq N\}$$

はそこの基底である．無限変数化，すなわち $N \to \infty$ としたものを考えることが多い．多項式ではないのでそれをシューア函数と呼ぶのが普通だ．

集合値半標準盤

この小節の話はつい最近，神戸大学の大学院生，島崎達史から教えてもらった．今まではヤング図形の各マス目に一つの数を入れた盤を考えたが，ここでは $[N] = \{1, 2, \cdots, N\}$ の部分集合をマス目に入れたものを考察する．ヤング図形 λ のマス目 (i, j) に $[N]$ の空でない部分集合 $\mathcal{T}_{ij} \subset [N]$ を，次のルールに従って書き入れたもの $\mathcal{T}$ を「集合値半標準盤」と呼ぶ．

$$\max \mathcal{T}_{ij} \leq \min \mathcal{T}_{i,j+1}, \qquad \max \mathcal{T}_{ij} < \min \mathcal{T}_{i+1,j}.$$

ここで $\max \mathcal{T}_{ij}$ (resp. $\min \mathcal{T}_{ij}$) は集合 $\mathcal{T}_{ij}$ に含まれる最大の（resp. 最小の）数を表す（次ページ図 0-1）．

ヤング図形 λ を台に持つ集合値半標準盤の全体を $SVT(\lambda, N)$ で表す．半標

準盤と同様，ウエイト $w_i(\mathcal{T})$ を集合値半標準盤 $\mathcal{T}$ に登場する数 i の個数とする．$w(\mathcal{T}) = (w_1(\mathcal{T}), \cdots, w_N(\mathcal{T}))$ として単項式 $x^{w(\mathcal{T})} = \prod_{i=1}^{N} x_i^{w_i(\mathcal{T})}$ のパラメータ β つきの和をとったもの

$$G_\lambda(x) = \sum_{\mathcal{T} \in SVT(\lambda, N)} \beta^{|\mathcal{T}|-n} x^{w(\mathcal{T})}$$

を「グロタンディック多項式」という．ここで $|\mathcal{T}| = \sum_{i=1}^{N} w_i(\mathcal{T})$，つまり $|\mathcal{T}|$ は $\mathcal{T}$ にいくつの数が書かれているかを表す．$\beta = 0$ とすれば明らかに $G_\lambda(x) = s_\lambda(x)$ である．したがってグロタンディック多項式はシューア多項式のパラメータつき一般化と言える．ラスクー（A. Lascoux 1944-2013）により導入されたものでシューベルト計算におけるキーの一つである．グロタンディック素数は素数ではないが，グロタンディック多項式は普通の意味で多項式である．さらに定義からすぐにわかることではないが，これも対称多項式であり，パラメータ β つきの対称多項式空間の基底となる．群の表現の指標ではないのだがシューア多項式と同じくワイルの指標公式に似た表示式がある．

集合値半標準盤の個数は思いのほか複雑である．たとえば $\lambda = (1^n)$ の場合に $SVT(\lambda, N)$ の個数を計算してみる．まず $k \geqq n$ として $1 \leqq a_1 < a_2 < \cdots < a_k \leqq N$ を選ぶ．これらがマス目に入る数たちだ．どのマス目に入るかを「仕切り」を設けて区別すればよい．a_1 と a_2 の間，$\cdots$，a_{k-1} と a_k の間，全部で $k-1$ 個の「間」があるが，これらから $n-1$ 個の仕切りを設ける．これがヤング図形のマス目間の仕切りに対応する．小さい方から i 番目の a_j 達の集合をヤング図形の上から i 番目のマス目に入れれば集合値半標準盤が完成する．a_j たちの選び方，仕切りの入れ方と集合値半標準盤は1対1に対応するので個数が勘定される．つまり

$$|SVT((1^n), N)| = \sum_{k=n}^{N} \binom{N}{k} \binom{k-1}{n-1}$$

である．二項係数のややこしい計算を行うと，この右辺がガウスの超幾何函数で表示されるのだ．ガウスの超幾何函数とは

$$F(a, b, c\,;\, z) = 1 + \sum_{n=1}^{\infty} \frac{(a)_n (b)_n}{(c)_n n!} z^n$$

1	1	1,2	2
2	2,4	4	
4			

1,2	2	2,4	4
3	3,4,5	5	
4,5			

図 0-1 ● $\lambda = (4, 3, 1)$，$N \geqq 6$ の集合値半標準盤の例

という無限級数で定義される(z の）正則函数である．ここで $(a)_n = a(a+1)(a+2)\cdots(a+n-1)$ はこの業界でよく使われる記法である．この函数を用いて

$$|SVT((1^n), N)| = \binom{N}{n} F(n, n-N, n+1 \, ; \, -1)$$

と表されることが示される．横一本 $\lambda = (n)$ の場合はもっと複雑だが，やはりきれいな表示がある．

$$|SVT((n), N)| = \binom{N+n-1}{n} F(n, 1-n, n+1 \, ; \, -1)$$

　一般のヤング図形に対してもガウスの超幾何函数を用いた表示が期待されるところだが，実はガウスではなく，もっと複雑な「ホルマン3世の超幾何函数」なるものが必要となる．ちなみに本編では超幾何函数は表立っては登場しない．私は超幾何函数を扱っている友人も多いし，熊本大学というその筋の拠点の一つに在籍していたが，今のところ本書に取り込めるような仕事は何もないのだ．超幾何函数入門ということでは元同僚の著書を挙げておくにとどめる（[7]，[8]）．

　神戸大学の大学院生，藤井大計，信川喬彦，島崎達史の3人は実験を通して $|SVT(\lambda, N)|$ が常に奇数であることを観察し，その後，グロタンディク多項式を用いて証明した（プレプリント）．島崎の明快な説明を聴いて面白いと思った．そして年を取ったとはいえ，こういうふうに数学が面白いと思える自分の感性がうれしかった．

ロビンソン–シェンステッド対応

ヤング図形

さて本章ではヤング図形の組合せ論を少し準備しておこう。自然数 n を $n = \lambda_1 + \lambda_2 + \cdots + \lambda_\ell$ のように自然数の和で書くことを考える。ここで $\lambda_1 \geqq \lambda_2 \geqq \cdots \geqq \lambda_\ell \geqq 1$ である。こういうとき $\lambda = (\lambda_1, \lambda_2, \cdots, \lambda_\ell)$ と書いて「λ は n の分割である」ということにする。ちなみに λ（lambda）は「乱舞だ」ではなくラムダと読む。L に対応するギリシャ小文字である。2008 年に益川敏英氏がノーベル賞を授与されたとき、「英語はできないがギリシャ語ができる」と喧伝された。素粒子物理学でギリシャ文字を当たり前に用いる、ということであり、決して英語よりもギリシャ語が得意、という意味ではない。

たとえば自然数 5 の分割は

$$(5), (4, 1), (3, 2),$$

$$(3, 1, 1), (2, 2, 1), (2, 1, 1, 1), (1, 1, 1, 1, 1)$$

の 7 個である。一般に n の分割全体の集合を $P(n)$、その個数を $p(n)$ で表す。便宜上 $P(0) = \{\emptyset\}$、$p(0) = 1$ と約束する。$p(n)$ を表す公式はラーデマッハーによるものが知られているが無闇と複雑であり、ここでは言及しない。岩波書店の『数学辞典』[9] をみられたい。ヤング図形とは分割を絵にしたものである。たとえば上の 7 個の分割を次ページのように表すのである。

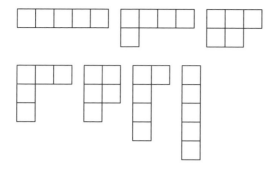

箱の中に数を書き入れたものを「盤」と呼ぶ. 標準盤とは n の分割 λ（ヤング図形，型）に対し，1 から n の自然数を箱に一つずつ，次のルールに従って書き入れたものである.

1. 各行（横並び），左から右に単調増加.
2. 各列（縦並び），上から下に単調増加.

例えば

$$T = \begin{array}{|c|c|c|} \hline 1 & 3 & 4 \\ \hline 2 & 5 \\ \cline{1-2} \end{array}$$

は型 $(3,2)$ の標準盤である. 型 λ の標準盤全体の集合を $ST(\lambda)$ で表そう. そしてその個数 $|ST(\lambda)|$ を f^λ と書くことにする. こういうものに初めて触れる人は $f^{(3,2)} = f^{(2,2,1)} = 5$, $f^{(3,1,1)} = 6$ などを確かめてみられたい. 一般に f^λ を表す「フック長公式」というものが知られているが，これについてはいずれ紹介しよう.

置換との対応

さて集合 $[n] = \{1, 2, \cdots, n\}$ からそれ自身への全単射（1 対 1 対応），すなわち置換の全体を S_n で表そう.「n 次対称群」というヤツだ. $\sigma \in S_n$ による i の行き先 $\sigma(i)$ を並べた順列 $\sigma(1), \sigma(2), \cdots, \sigma(n)$ と写像 σ（シグマ）を同一視する. この順列を括弧に入れたくなるが，そうすると意味が変わってしまう危険性が

あるのでこのままにしておく．各 $\sigma \in S_n$ に対して型を同じくする標準盤のペア (P, Q) を与えるのが表題の「ロビンソン‐シェンステッド対応」である．対応はヤング図形あるいは盤の操作であり，具体的な例で説明すれば十分であろう．$n = 7$ として $\sigma = 3541726$ を取り上げよう．この数列を左から順に読んでいく．まず数 3 の入った箱（「箱 3」と呼ぶことにする）をヤング図形の $(1,1)$ 成分として置く．次に箱 5 をくっつけるのだが，5 は 3 よりも大きいので $(1,1)$ 成分の右に $(1,2)$ 成分として置く．次は箱 4 であるが「標準盤を作る」という目標があるので $(1,3)$ 成分として右にくっつけるわけにはいかない．箱 5 を蹴落としてその場所，すなわち $(1,2)$ 成分を占拠する．蹴落とされた箱 5 は下に降りて $(2,1)$ 成分として落ち着く．次は箱 1 だ．1 行目で「自分よりも大きな数のうち，最小のもの」を蹴落とす．今は箱 3 を蹴落として $(1,1)$ 成分に収まる．蹴落とされた箱 3 は 2 行目に行くのだが，そこには箱 5 がいる．5 は 3 よりも大きいので箱 5 は再び蹴落とされ 3 行目に行かされる．箱 3 は新しい $(2,1)$ 成分となる．以下同様．最終的には

$$P(\sigma) = \begin{array}{|c|c|c|} \hline 1 & 2 & 6 \\ \hline 3 & 4 & 7 \\ \hline 5 \\ \cline{1-1} \end{array}$$

という標準盤が出来上がる．これがペアの一方である．片割れの標準盤 $Q(\sigma)$ は「盤 $P(\sigma)$ の成長の履歴」である．箱の中の番号を忘れて，ヤング図形がどのように成長したかを記録している標準盤である．つまり i 番目のステップで付け加わった箱に i という番号を振るのだ．今の場合は

$$Q(\sigma) = \begin{array}{|c|c|c|} \hline 1 & 2 & 5 \\ \hline 3 & 6 & 7 \\ \hline 4 \\ \cline{1-1} \end{array}$$

であることがわかると思う．出来上がりの型，すなわちヤング図形は挿入の手続きを最後までやってみないとわからない仕組みになっている．順列を見てパッと型やら P がわかるようになるためには相当の熟練が必要になる．友人の N 氏は自宅での研究中に具体的な置換のロビンソン‐シェンステッド対応が必要になると，時間の節約のため幼い子供たちに命じて (P, Q) を計算させたという．知的な一家なので子供たちは喜んでお父さんの研究に協力したのだそうだ．

さて同じ型の標準盤のペア (P, Q) に対し，対称群の元 σ が一意的に決まり $P = P(\sigma)$，$Q = Q(\sigma)$ となることはちょっとやってみれば感覚的にわかるだろう．堀田良之氏の名著『加群十話』(朝倉書店)[2]では「フイルムの逆廻し」という絶妙な表現がなされている．以上のことをきちんと定理のかたちで書いておこう．

●**定理 1-1** ────────────────────────

ロビンソン-シェンステッド対応は次の全単射，すなわち 1 対 1，上への写像を与える．

$$S_n \ni \sigma \mapsto (P(\sigma), Q(\sigma)) \in \coprod_{\lambda \in P(n)} ST(\lambda) \times ST(\lambda)$$

高校生や大学初年級の学生は，上のような簡単な箱の移動のお遊びが，こんなに難しげな表現になることに戸惑うかも知れない．しかしこのような術語や記号を用いるからこそ厳密な議論や一般化が可能になるのであり，これこそが数学の強みなのだ．数学徒たるもの，この辺りで怯んではならない．老婆心から一つだけ記号の説明をしておこう．右辺の $\coprod$ は集合の「非交和」すなわち共通部分(joint)を持たない和(union)を表す．英語では disjoint union という．

いま老婆心と書いて，昔のことを思い出した．北海道大学時代に養老孟司氏の特別講義を聴いたことがある．興に乗ってソクラテスの「産婆術」がどうとか話が逸れていった．相手は若い学生で言葉を知らない．「産婆と言ったって婆さんが子供生むんじゃねえぞ」とまあこんな調子で言いたい放題であった．

閑話休題．集合間の全単射があれば元の個数が等しい．だから上の定理から次の系が導かれる．

●**系 1-2** ────────────────────────

$$n! = \sum_{\lambda \in P(n)} (f^\lambda)^2.$$

実は，これは有限群の表現論から導出される一般的な公式である．対称群の既約表現がヤング図形で分類されることから自然に出てくる有名な式なのだ．いまはロビンソン-シェンステッド対応からの帰結として導いたが，発見の順

序は逆だ．先に系の式が表現論から導かれ，表現論を用いない「全単射証明」としてロビンソン-シェンステッド対応が見つかった，というのがもともとの話の流れである．組合せ論では全単射による証明というものを大切にする．つまり $a = b$ という等式を a 個の元を持つ集合 A と b 個の元を持つ集合 B との間に全単射を構成することにより証明する，というものである．集合 A, B の選び方にセンスが現れるのだ．系の式の私の好きな証明はもう一つあって，それは対称群ではなくハイゼンベルク代数の表現，すなわち微分作用素を用いるものである．これもいずれ述べようと思う．早く知りたい人は寺田至氏の『ヤング図形のはなし』（日本評論社）[10]をご覧いただきたい．

置換行列

対称群の元，すなわち置換あるいは順列を行列として表すことがある．たとえば $\sigma = 3541726$ に対応する行列は

$$
\begin{pmatrix}
0 & 0 & 0 & 1 & 0 & 0 & 0 \\
0 & 0 & 0 & 0 & 0 & 1 & 0 \\
1 & 0 & 0 & 0 & 0 & 0 & 0 \\
0 & 0 & 1 & 0 & 0 & 0 & 0 \\
0 & 1 & 0 & 0 & 0 & 0 & 0 \\
0 & 0 & 0 & 0 & 0 & 0 & 1 \\
0 & 0 & 0 & 0 & 1 & 0 & 0
\end{pmatrix}
$$

である．各行各列に 1 が一つだけあり，ほかの成分はすべて 0 という「置換行列」である．この行列の積が置換（写像）の合成に対応している．転置行列は逆置換になることを確かめて欲しい．さて置換行列をちょっと拡張して成分 1 の場所に ± 1 を許してみよう．たとえば

$$
\begin{pmatrix}
0 & 0 & 0 & -1 & 0 & 0 & 0 \\
0 & 0 & 0 & 0 & 0 & 1 & 0 \\
1 & 0 & 0 & 0 & 0 & 0 & 0 \\
0 & 0 & 1 & 0 & 0 & 0 & 0 \\
0 & -1 & 0 & 0 & 0 & 0 & 0 \\
0 & 0 & 0 & 0 & 0 & 0 & -1 \\
0 & 0 & 0 & 0 & 1 & 0 & 0
\end{pmatrix}
$$

である．これに対応する順列を $\sigma = 35'41'726'$ と書くことにし，これも置換と考えよう．つまり σ は集合 $\{\pm 1, \pm 2, \cdots, \pm n\}$ からそれ自身への全単射であり $\sigma(-i) = -\sigma(i)$ を満たすものと考えるのである．プライム（′）は符号が変わる，という記号だと了解する．上の例は $\sigma(2) = -5$，$\sigma(-2) = 5$ などを表している．こういう置換全体 B_n は S_{2n} の部分群をなしていて「超八面体群」と呼ばれている．英語では hyperoctahedral group だ．単純リー環とかルート系との関係で「B型（あるいはC型）ワイル群」と呼ばれることも多い．半直積として書けば

$$B_n = (\mathbb{Z}/2\mathbb{Z})^n \rtimes S_n$$

となる．集合としては直積 $(\mathbb{Z}/2\mathbb{Z})^n \times S_n$ だが S_n が符号の列 $(\varepsilon_1, \varepsilon_2, \cdots, \varepsilon_n) \in (\mathbb{Z}/2\mathbb{Z})^n$ に入れ替えとして作用している，という寸法である．ここで $\varepsilon_i = \pm 1$ は乗法群 $\mathbb{Z}/2\mathbb{Z}$ の元と了解されたい．結果的に $(\mathbb{Z}/2\mathbb{Z})^n$ が B_n の正規部分群になっている．だから正規という性質を加味して記号 $\rtimes$ を用いる．この群に対してもロビンソン–シェンステッド対応がある．今度は標準盤の代わりに「標準双盤」の登場である．ヤング図形のペア $\lambda = (\lambda^{(0)}, \lambda^{(1)})$ を型に持つ標準双盤 $T = (T^{(0)}, T^{(1)})$ とは，1 から $|\lambda^{(0)}| + |\lambda^{(1)}|$ までの自然数をヤング図形のペアに書き入れて，それぞれの盤 T^j において各行各列の単調増加性が成り立っているもののことである．その全体を $SBT(\lambda)$ と書こう．B_n の元 σ に対して $SBT(\lambda)$ の元のペア $(P(\sigma), Q(\sigma))$ を対応させるルールは容易に想像できるであろう．たとえば $\sigma = 35'41'726'$ であれば出来上がりは

$$P(\sigma) = \left(\begin{array}{|c|c|c|} \hline 2 & 4 & 7 \\ \hline 3 \\ \cline{1-1} \end{array} , \begin{array}{|c|c|} \hline 1 & 6 \\ \hline 5 \\ \cline{1-1} \end{array} \right)$$

$$Q(\sigma) = \left(\begin{array}{|c|c|c|} \hline 1 & 3 & 5 \\ \hline 6 \\ \cline{1-1} \end{array} , \begin{array}{|c|c|} \hline 2 & 7 \\ \hline 4 \\ \cline{1-1} \end{array} \right)$$

である．$P(\sigma)$ についてはプライム（′）の有る無しで右側か左側かに分かれるのだ．オリジナルのロビンソン–シェンステッド対応と同様に，これが全単射であることはすぐにわかる．群 B_n が $2^n n!$ 個の元を持つことから次の系が得られる．

$$2^n n! = \sum_{\lambda \in BP(n)} |SBT(\lambda)|^2.$$

ここで $BP(n)$ は箱の総数が n であるようなヤング図形のペア全体の集合を表す.

群をさらに一般に複素鏡映群

$$G_{r,1,n} = (\mathbb{Z}/r\mathbb{Z})^n \rtimes S_n$$

に拡張することはもはや容易であろう. ここで自然数 r が 1 のときが対称群, 2 のときが超八面体群である. このような有限群 G の直積と対称群 S_n の半直積 $G^n \rtimes S_n$ を環積(wreath product)という.「レス積」と呼ぶ人が多いが, もしカタカナで書くのであれば「リース積」の方が適切だろう. 対称群にしろ, 超八面体群にしろ, ロビンソン–シェンステッド対応は一見きわめて人工的でわざとらしく思えるかも知れない. しかしながらこの対応はカジュダン–ルスティック胞体(Kazhdan-Lusztig cell)という, 岩堀ヘッケ環を経由して定義される表現論の深い概念を記述しているのである. 私なぞはルスティックという名前だけでひれ伏してしまう. これについては有木進氏の 1989 年の論説「Robinson-Schensted 対応と left cell」[11]を参照いただきたい. 第 2 講では置換の「主指数」とロビンソン–シェンステッド対応を関連付けよう.

標準盤で遊ぶ

置換の量

対称群 S_n の元 $\sigma = i_1 i_2 \cdots i_n$ に対して2種類の「量」を定義しよう。これは英語では statistic と呼ばれる。「統計量」と無邪気に訳すのがよいとは思えない。数学者は「不変量」という言葉が好きであるが、この場合何かの作用で不変であることを前面に出しているわけでもない。Stanley の本の訳書『数え上げ組合せ論1』(日本評論社)[12]では「計数」と呼んでいる。悪くない訳語だが、ずっと以前、寺田至氏が「ただ量と訳せばいいんですよ」と言ったのを覚えているので、ここではこう呼ばせてもらう。まず σ の「降下点集合(descent set)」を

$$D(\sigma) := \{d \ ; \ i_d > i_{d+1}\}$$

と定義する。そしてその元の和、$\sum_{d \in D(\sigma)} d$ を置換 σ の「主指数(major index)」と呼び、$\mathrm{maj}(\sigma)$ で表す。たとえば $\sigma = 825149763$ であれば $D(\sigma) = \{1, 3, 6, 7, 8\}$ なので $\mathrm{maj}(\sigma) = 25$ である。いま major index の訳語として上記 Stanley の訳書に従って「主指数」と書いたが、原著第2版には major は Major MacMahon のことと書かれている、と大学院生だった田畑純孝から教わった。だとすれば「少佐指数」と訳すべきなのかも知れない。しかし本講では今後も「主指数」と呼ぶことにする。

次に $\sigma = i_1 i_2 \cdots i_n$ の各数にウエイトをつけていく。まず数1はウエイト0を持っているとする。数 i がウエイト p を持っているとき、数 $i+1$ のウエイトを、もし $i+1$ が i の左にあれば $p+1$、もし右にあれば p と定義する。おわかりだろうか。数1から順番に、すなわち帰納的に決めていくわけである。$\sigma = 825149763$ の各数の右下にウエイトを書き込めば $\sigma = 8_5 2_1 5_3 1_0 4_2 9_5 7_4 6_3 3_1$ となる。このウエイトの和を σ の「余電荷(cocharge)」と呼んで $\mathrm{cch}(\sigma)$ で表す。この例では $\mathrm{cch}(\sigma) = 24$ である。

今度は標準盤 $T \in ST(\lambda)$ に対してその主指数，余電荷を定義する．まず T の降下点集合 $D(T)$ を，箱 $d+1$ が箱 d よりも下の行にある d の集合と定義する．そして $D(T)$ の元の和 $\mathrm{maj}(T)$ を標準盤 T の主指数と呼ぶ．たとえば

$$
\begin{array}{|c|c|c|}
\hline
1 & 3 & 6 \\
\hline
2 & 4 & 7 \\
\hline
5 & 9 \\
\cline{1-2}
8 \\
\cline{1-1}
\end{array}
$$

については $D(T) = \{1, 3, 4, 6, 7\}$ なので $\mathrm{maj}(T) = 21$ である．

標準盤 T の箱(に書き入れられている数)のウエイトを次で定める．箱 1 のウエイトは 0，箱 i のウエイトを p とするとき，箱 $i+1$ のウエイトは，箱 $i+1$ が箱 i の下の行にあれば，すなわち $i \in D(T)$ であれば $p+1$，そうでなければ p と帰納的に定める．そしてウエイトの和 $\mathrm{cch}(T)$ を標準盤 T の余電荷と称するのだ．上の例でウエイトを書き入れれば

$$
T = \begin{array}{|c|c|c|}
\hline
1_0 & 3_1 & 6_3 \\
\hline
2_1 & 4_2 & 7_4 \\
\hline
5_3 & 9_5 \\
\cline{1-2}
8_5 \\
\cline{1-1}
\end{array}
$$

となり，$\mathrm{cch}(T) = 24$ である．

一般に標準盤 T の降下点集合を $D(T) = \{d_1 < d_2 < \cdots < d_r\}$ とするとき，数 1 から d_1 まではウエイト 0 を持っている．d_1+1 から d_2 までの各数はウエイト 1 を持つ．以下同様に考えれば余電荷は

$$
\mathrm{cch}(T) = 0 \cdot d_1 + 1 \cdot (d_2 - d_1) + \cdots + r \cdot (n - d_r) = \sum_{j=1}^{r} (n - d_j)
$$

であることがわかる．Stanley は $\sum_{d \in D(T)} (n-d)$ を標準盤 T の comajor index と呼んでいる．(「米じゃあ」大河ドラマか!)

簡単な場合，すなわち $n = 3$ の場合に 2 つの量を表にしてみよう(表 2-1)．この例だけではあまり説得力がないかも知れないが，任意の非負整数 k に対して

$$
\#\{\sigma \in S_n \,;\, \mathrm{maj}(\sigma) = k\} = \#\{\sigma \in S_n \,;\, \mathrm{cch}(\sigma) = k\}
$$

が見て取れる．つまり S_n において主指数と余電荷の「分布」が同じであること

σ	123	132	213	231	312	321
$\mathrm{maj}(\sigma)$	0	2	1	2	1	3
$\mathrm{cch}(\sigma)$	0	1	2	2	1	3

表 2-1

が予想される．これを式で表すと以下のようになる．

$$\sum_{\sigma \in S_n} q^{\mathrm{maj}(\sigma)} = \sum_{\sigma \in S_n} q^{\mathrm{cch}(\sigma)}.$$

突然 q が出てきたが心配ご無用．単なる文字である．数学では「不定元」と呼ぶことが多い．x ではなく q を用いるのは伝統であり量子力学（quantum mechanics）よりも前からのことだ．たとえばヤコビの有名な本 "Fundamenta Nova"(1829) では，楕円テータ函数の変数として文字 q が使われている．上の式は 2 つの多項式が一致する，すなわち各次数の係数が一致するということだ．これが第 2 講の主定理である．ゆっくりと証明していこう．

全単射証明

2 種類の量，主指数と余電荷をそれぞれ置換と標準盤に対して定義したのにはもちろんわけがある．第 1 講のロビンソン–シェンステッド（RS）対応を思い出そう．置換（順列）σ から標準盤 $P(\sigma), Q(\sigma)$ をどうやってこしらえたかを反省し，落ち着いて考えればわかると思うが次が成り立っている．

●補題 2-1 ────────────────────────────

$$\mathrm{maj}(\sigma) = \mathrm{maj}(Q(\sigma)), \qquad \mathrm{cch}(\sigma) = \mathrm{cch}(P(\sigma)).$$

順列 $\sigma = i_1 i_2 \cdots i_n$ を逆から読んだ順列を σ^r で表そう．つまり $\sigma^r = i_n i_{n-1} \cdots i_1$ である．先ほどの例 $\sigma = 825149763$ では $\sigma^r = 367941528$ だ．Reverse の頭文字 r を写像の名前として採用している．これは対合射である，すなわち $r^2 = \mathrm{id}$．ここで id は恒等写像のことである．数字の 1 を書く場合もあるかも知れない．そのときの気分次第でどちらも使う．対称群 S_n の「最長元」w_0 とは順列で書けば $w_0 = n\ n{-}1\ \cdots\ 1$ のことである．置換の合成を考えれば $\sigma^r = \sigma w_0$ となることがわかるだろう．さて $\sigma = 825149763$ について RS 対応を見てみると

$$P(\sigma) = \begin{array}{|c|c|c|} \hline 1 & 3 & 6 \\ \hline 2 & 4 & 7 \\ \hline 5 & 9 \\ \cline{1-2} 8 \\ \cline{1-1} \end{array}, \qquad Q(\sigma) = \begin{array}{|c|c|c|} \hline 1 & 3 & 6 \\ \hline 2 & 5 & 7 \\ \hline 4 & 8 \\ \cline{1-2} 9 \\ \cline{1-1} \end{array},$$

$$P(\sigma^r) = \begin{array}{|c|c|c|c|} \hline 1 & 2 & 5 & 8 \\ \hline 3 & 4 & 9 \\ \cline{1-3} 6 & 7 \\ \cline{1-2} \end{array} \quad , \quad Q(\sigma^r) = \begin{array}{|c|c|c|c|} \hline 1 & 2 & 3 & 4 \\ \hline 5 & 7 & 9 \\ \cline{1-3} 6 & 8 \\ \cline{1-2} \end{array} .$$

ここで特徴的なことに気がついただろうか.

●補題 2-2 ─────────────────────────────

（1） $^tP(\sigma^r) = P(\sigma)$.

（2） $\mathrm{maj}(^tQ(\sigma^r)) = \mathrm{cch}(Q(\sigma))$,

$\mathrm{cch}(^tQ(\sigma^r)) = \mathrm{maj}(Q(\sigma))$.

　ここで標準盤 P の転置 ^tP とは，行列の転置と同様に定義される．P' と表す文献も多い．(1)は Schensted による結果である．ずいぶん前に気がついてはいたのだが，2022 年に大学院生の西山雄太に Schensted の論文（1961 年）を読んでもらい証明を教えてもらった．場合分けが煩雑だが議論は決して難しいものではない.

　次なる対合射を定義しよう．自然数 $i \in \{1, \cdots, n\}$ に対して $i^* = n+1-i$ とおく．順列 $\sigma = i_1 i_2 \cdots i_n$ の star を $\sigma^s = i_1^* i_2^* \cdots i_n^*$ により定義する．S_n の最長元 $w_0 = n\,n-1\cdots 21$ を用いて $\sigma^s = w_0 \sigma$ とも書ける．もちろん $s^2 = \mathrm{id}$, $rs = sr$ である．この star についても自分で例を計算して欲しい．ここでは一般的な結果だけ書いておこう.

●補題 2-3 ─────────────────────────────

（1） $^tQ(\sigma^s) = Q(\sigma)$.

（2） $\mathrm{maj}(^tP(\sigma^s)) = \mathrm{cch}(P(\sigma))$,

$\mathrm{cch}(^tP(\sigma^s)) = \mathrm{maj}(P(\sigma))$.

　最後に大物が控えている．置換 σ の逆置換に対応する順列を σ^u と書こう．たとえば $\sigma = 825149763$ では $\sigma^u = 429538716$ である　もちろん $u^2 = \mathrm{id}$ であり，また $ru = us$ がわかる．次の補題は Schützenberger の定理（1963）としてよく知られている．例で確かめることは易しいが一般的な証明は至難の業である.

もちろん本書に載せられるものではない．ちなみに Marcel-Paul Schützen-
berger (1920-1996)はフランス人である．だからドイツ的に「シュッツェンベル
ガー」ではなく，多少ドイツの香りも残しつつ「シュッツェンベルジェ」と
読む．

●補題 2-4 ─────────────────────────────────

$$P(\sigma^u) = Q(\sigma), \qquad Q(\sigma^u) = P(\sigma).$$

補題 2-2 (1)と補題 2-4 から補題 2-2 (2)，補題 2-3 が困難なく示される．以
上の対合射を合成して $\hat{\sigma} = \sigma^{rsu}$ とおく．$(rsu)^2 = \mathrm{id}$ なので，これも対合射であ
る．

●定理 2-5 ─────────────────────────────────

（1）　$\mathrm{maj}(P(\hat{\sigma})) = \mathrm{cch}(Q(\sigma)),\ \mathrm{cch}(P(\hat{\sigma})) = \mathrm{maj}(Q(\sigma))$.

（2）　$\mathrm{maj}(Q(\hat{\sigma})) = \mathrm{cch}(P(\sigma)),\ \mathrm{cch}(Q(\hat{\sigma})) = \mathrm{maj}(P(\sigma))$.

（3）　$\mathrm{maj}(\hat{\sigma}) = \mathrm{cch}(\sigma),\ \mathrm{cch}(\hat{\sigma}) = \mathrm{maj}(\sigma)$.

これまで述べてきた補題を踏まえれば，定理の証明は機械的にできる．(1)
は次のようにやればよい．

$$\mathrm{maj}(P(\hat{\sigma})) = \mathrm{maj}(P(\sigma^{rsu})) = \mathrm{maj}(Q(\sigma^{rs}))$$
$$= \mathrm{maj}({}^t Q(\sigma^r)) = \mathrm{cch}(Q(\sigma)).$$

(2)も同様だ．(3)は(1)，(2)より直ちに従う．これにより対称群 S_n において主
指数と余電荷の分布が等しいことがわかる．RS 対応により，置換 $\sigma \in S_n$ に対
して，$P(\sigma)$ の台，すなわちヤング図形 λ が定まるが，今までの議論から σ に対
応する台と $\hat{\sigma}$ に対応する台が一致することがわかるだろう．定理の(1)，(2)は
決められたヤング図形の標準盤のなかで主指数の分布と余電荷のそれが一致す
ることを示している．つまり n の分割 λ および自然数 k に対して

$$\#\{T \in ST(\lambda)\,;\, \mathrm{maj}(T) = k\} = \#\{T \in ST(\lambda)\,;\, \mathrm{cch}(T) = k\}$$

ということなのだ．この数を q^k の係数とする多項式を $f^\lambda(q)$ としよう．余
電荷は「米じゃあ」に等しいので多項式 $f^\lambda(q)$ は対称，すなわち $f^\lambda(q) = q^n f^\lambda(q^{-1})$ である．また当たり前のことだが $f^\lambda(1) = f^\lambda$ である．つまり $f^\lambda(q)$

は標準盤の個数 f^λ の「q-真似」なのだ．数 f^λ については第1講で書いたように特徴的な恒等式がある．

$$n! = \sum_{\lambda \in P(n)} (f^\lambda)^2.$$

本講で述べたことは，この式の q-真似ができるということだ．つまり

$$\sum_{\sigma \in S_n} q^{\mathrm{maj}(\sigma)} = \sum_{\sigma \in S_n} q^{\mathrm{cch}(\sigma)} = \sum_{\lambda \in P(n)} f^\lambda \cdot f^\lambda(q).$$

余電荷については私はどうやら好きな食べものらしく，前著でも少し詳しく説明している．（『組合せ論プロムナード［増補版］』90ページ辺り．）高次シュペヒト多項式を援用すれば，上式の真ん中が $n!$ の q-真似になることがわかる．すなわち

$$\sum_{\sigma \in S_n} q^{\mathrm{cch}(\sigma)} = \prod_{k=1}^{n} (1+q+q^2+\cdots+q^{k-1}).$$

右辺の量をよく $[n]_q!$ と書く．以上をまとめておこう．

●系 2-6
$$[n]_q! = \sum_{\lambda \in P(n)} f^\lambda \cdot f^\lambda(q).$$

ここで，$\sum_\lambda (f^\lambda)^2$ の q-真似として一つだけ q をつけて $\sum_\lambda f^\lambda \cdot f^\lambda(q)$ とするところが職人芸だと思うが，うっかり $\sum_\lambda (f^\lambda(q))^2$ とやってしまうとどうだろう．実はこれもうまい式がある．

●系 2-7
$$\sum_{\lambda \in P(n)} (f^\lambda(q))^2 = \sum_{\sigma \in S_n} q^{\mathrm{maj}(\sigma)+\mathrm{cch}(\sigma)}.$$

証明は各自考えられたい．

付け足し

もう少しスペースがあるので若干付け足しを行うことにする．本講の前半で最長元 w_0 というのが出てきた．「最長」とは何か．説明しておこう．対称群 S_n

の元は必ず「隣接互換」$\sigma_i = (i, i+1)$, $i = 1, 2, \cdots, n-1$ の積として表される.
「数 i と数 $i+1$ を入れ替える」というのが隣接互換である.群論の言葉遣いで
は「S_n は $\{\sigma_i ; i = 1, 2, \cdots, n-1\}$ で生成される」という.アミダクジをやったこ
とのある子供ならば経験的に知っていることだ.隣接互換の積での表し方は一
通りではない.たとえば $\sigma_1\sigma_2\sigma_1$ と $\sigma_2\sigma_1\sigma_2$ は同じ置換を表している.置換 σ を
隣接互換の積として表すのに必要な互換の個数の最小値を σ の「長さ」と称し
$\ell(\sigma)$ で表す.大学 1 年生の線型代数で行列式を定義する際,偶置換,奇置換と
いう言葉を習うが,それは長さが偶数,奇数ということなのだ.そして S_n の元
で一番長いのが $w_0 = n\ n-1\ \cdots\ 2\ 1$ である.これは長さが $\dfrac{n(n-1)}{2}$ である
ことが簡単にわかる.対称群の元の長さに関しては次の有名な式がある.

$$\sum_{\sigma \in S_n} q^{\ell(\sigma)} = [n]_q!.$$

これより主指数,余電荷に加えて長さも対称群 S_n の中で等分布であること
がわかる.

第 1 講で RS 対応は B 型ワイル群 $B_n = (\mathbb{Z}/2\mathbb{Z})^n \rtimes S_n$ にも拡張されることを
述べた.本講の主定理(定理 2-5)も当然 B_n 版が期待される.意欲ある読者は
拡張を試みられたい.こんなお遊びから研究が始まることもあるのだ.

ここまでの部分を信頼できる友人数学者に見せたところ,すぐに次のような
連絡がきた.「『良い研究とはたいがいこんなお遊びから始まるものだ』と言い
切って欲しかったような気がします.」

「良い研究」でそのきっかけが「お遊び」からきているものがどのくらいある
のか想像もつかないが,少なくとも私自身の数学は「すべて」お遊びから始ま
っている,と自信を持って言える.さらに言うならばお遊びから「始まる」だ
けでなく最後までお遊びであることも多い.表現論の組合せ論的な側面に注目
していろいろ実験(= お遊び)をしている.その実験こそが「数学している」と
実感できるのだ.私にとって数学は「命をかけた遊び」である.最初は不思議
な偶然に思えた現象が実験を繰り返すことにより,だんだん自然に思えてくる
ようになるのが数学の醍醐味だ.定理の形にまとめて,最後まできちんと証明
をつける,とはなかなかならないのが私の限界であるが,それは如何ともし難
い.もちろんすべての数学がお遊びであるわけはないことぐらいは承知してい

る．数学にはお遊び的な側面があるんだ，ということを伝えたかっただけである．

　最後は肩に力の入ったゆとりのない文章になってしまった．第3講では「ヤング束」で遊ぶことにする．

ヤング束の話

束論

　順序集合(半順序集合) $(L, \leq)$ の任意の2元 x, y に対して，それらの共通の上界に最小元 $x \lor y$ が存在，また共通の下界に最大元 $x \land y$ が存在するとき $(L, \leq)$ は束をなすという．これらはそれぞれ x, y の結び，交わりと呼ばれる．分配則

$$x \land (y \lor z) = (x \land y) \lor (x \land z),$$
$$x \lor (y \land z) = (x \lor y) \land (x \lor z)$$

を満たす束を分配束という．また $x \leq z$ ならば任意の y に対して

$$(x \lor y) \land z = x \lor (y \land z)$$

を満たすとき $(L, \leq)$ をモジュラー束という．分配束はモジュラー束である．ある集合の部分集合全体に包含関係で順序を入れたものは分配束の典型例である．逆に任意の分配束は「こんな形」で表現される，というのがバーコフの定理(1933)である．

　ここで脱線．数学で「モジュラー」という語はさまざまな文脈で使われる．環上の加群は「モジュール(module)」だし，楕円函数の母数は「モジュラス(modulus)」だ．正標数の表現論は「モジュラー(modular)表現論」と呼ばれる．また何らかの数学的対象の族のパラメータ空間を「モジュライ(moduli)」と称する．いずれも昔は「モズル」と表記した．吉田正章氏は講演の中で群 $SL(2, \mathbb{Z})$ のことを「芋蔓群」と呼んでいた．言い得て妙とはこのことだ．さて束論はずいぶんと流行ったらしい．私が学生の頃は岩村聯氏の『束論』(共立全書)[13]という本がまだ普通に書店に並んでいた．半順序集合というきわめて素朴な概念なので，数学のいたるところに登場するのは当然であるが，群のように「それ自体を詳しく調べること」にどれほどの意味があるのか私にはわからない．ただ最近，束論により美味しいビールができるという報告もある．

今の数学者にとって「束」はここでの lattice ではなく「ファイバー束」の bundle であろう．また lattice という語も私などは Toda lattice の「格子」を思い浮かべる．

ヤング束

　第3講では特別な分配束である「ヤング束」について述べよう．ヤング図形すべての集合 $\mathcal{Y}$ に包含関係で順序を入れたものである．その「ハッセ図形」は図3-1のようになる．ここで λ が μ に1マス加えて得られるとき $\mu \longrightarrow \lambda$ で表している．

　この樹木状の図形を見ていろいろ妄想をたくましくすることが可能であろう．根の $\emptyset$ から上に辺を辿って寄り道せずにあるヤング図形 λ まで進むことは，そのヤング図形を台とする標準盤を一つ定めたことになる．たとえば

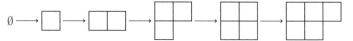

という経路は標準盤

1	2	5
3	4	

を定めていると考えるのである．対応は明らかだろう．同じ経路を λ から $\emptyset$ に逆に辿ると考えてもよい．したがって $\emptyset$ から λ に行って，（往きとは独立な経路で）$\emptyset$ に戻る，という旅行が λ を台に持つ標準盤のペアに対応すると考える

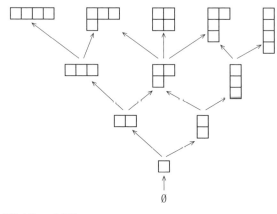

　図3-1 ●ハッセ図形

ことができる.

　以上を踏まえて少し数学的な定式化を行おう. ヤング図形すべての集合 $\mathcal{Y}$ で生成される自由 $\mathbb{Z}$ 加群を M で表す. 代数学では $\mathbb{Z}$ 加群を「格子(lattice)」と呼ぶ習慣がある. それに従えば M は Young lattice により生成された lattice である. 紛らわしいな. $\mathbb{Z}$ 加群という言葉に馴染みがなければ $\mathcal{Y}$ を基底にもつ複素ベクトル空間と考えても差し支えない. M 上の「上昇作用素」u および「下降作用素」d を次のような加群の準同型として, つまり線型作用素として定義する.

$$u : M \longrightarrow M, \quad \mu \mapsto \sum_{\mu \to \lambda} \lambda,$$

$$d : M \longrightarrow M, \quad \lambda \mapsto \sum_{\mu \to \lambda} \mu,$$

ただし $d(\emptyset) = 0$ と約束する. u にしろ, d にしろ, 要するに λ と辺で結ばれているヤング図形を係数 1 で足せ, ということだ. u は up のつもり, d は down のつもりである. 上の式では単独の λ に対してしか定義されていないが,「M 上には線型に拡張する」という例のヤツだ. さて u と d は可換ではない. つまり合成を考えたとき du と ud とは異なるのだ. その差異 $du - ud$ を交換子と呼んで $[d, u]$ で表す. 交換子だけが与えられているような代数系を「リー環」あるいは「リー代数」と呼ぶのだが, これについてはいずれ詳しく議論しようと思っている.

●命題 3-1 ─────────────────────────────

　　$[d, u] = \mathrm{id} (= \mathrm{identity})$. つまり任意のヤング図形 λ に対して $du(\lambda) - ud(\lambda) = \lambda$ である.

　きちんとした証明はここではしないが, ポイントだけ指摘しておく. ヤング図形の「でっぱり」と「へっこみ」を定義しよう. λ のマス目 $(i, j) \in \lambda$ がでっぱりであるとは $(i+1, j), (i, j+1) \notin \lambda$ であること. 寺田至氏の『ヤング図形のはなし』(日本評論社)[10] では「東南角部屋」と述べられている. 同じく λ のマス目ではない座標 $(i, j) \notin \lambda$ がへっこみであるとは $(i-1, j), (i, j-1) \in \lambda$ であること. 上昇作用素 u はへっこみにマス目を加えること, 下降作用素 d はでっぱりのマス目を取り去ることなのだ. 任意のヤング図形 λ に対して

　　　　[へっこみの個数]－[でっぱりの個数] ＝ 1

であることに注意すれば命題1は証明できる．上昇作用素 u，下降作用素 d で生成される M 上の線型変換のなす環を「ハイゼンベルク代数」とか「ワイル代数」と呼ぶ．次のようなモデルを考えればわかりやすいかも知れない．1変数の多項式 $F(X)$ に対して

$$u(F)(X) = XF(X), \qquad d(F)(X) = F'(X)$$

と置くと作用素として $du - ud = 1$ が簡単にわかる．積の微分に関するライプニッツ則，高校で習うことだ．このように関係式だけに着目して環を実現することを表現と呼ぶ．正確な定義はいずれ解説する．

　ある $\lambda \in P(n)$ に下降作用素 d を n 回施せば，一番下の $\emptyset$ に到達するのだが，その個数はちょうど経路の数だ．上で経路の数は f^{λ} に一致することを知っているので

$$d^n(\lambda) = f^{\lambda}\emptyset$$

がわかる．また逆に $\emptyset$ に上昇作用素 u を n 回繰り返し施す．実験してみると n とともに項はどんどん増えていくが，結局次のことがわかると思う．

$$u^n(\emptyset) = \sum_{\lambda \in P(n)} f^{\lambda}\lambda.$$

そうしたら次に「上がって下がる」すなわち $d^n u^n(\emptyset)$ を計算してみる．

$$d^n u^n(\emptyset) = d^n\Big(\sum_{\lambda \in P(n)} f^{\lambda}\lambda \Big) = \sum_{\lambda \in P(n)} f^{\lambda} d^n(\lambda) = \sum_{\lambda \in P(n)} (f^{\lambda})^2 \emptyset.$$

一方，命題3-1の交換関係より，任意の n に対して

$$d^n u^n(\emptyset) = n!\emptyset$$

が示される．やってみよう．n に関する帰納法だ．$n = 1$ のときは命題3-1より

$$du(\emptyset) = ud(\emptyset) + \emptyset$$

で，$d(\emptyset) = 0$ なので成立する．

$$d^{n+1} u^{n+1} = d^n(du)u^n = d^n\{[d,u] + ud\}u^n$$
$$= d^n\{1 + ud\}u^n = d^n u^n + d^n(ud)u^n$$

ここで帰納法の仮定を使えば

$$d^{n+1} u^{n+1}(\emptyset) = n!\emptyset + d^n(ud)u^n(\emptyset)$$

となる．もう一度同様の計算をすれば

$$d^n(ud)u^n = d^n u\{1+ud\}u^{n-1} = d^n u^n + d^{n-1}u^2 du^{n-2}$$

である．こんなことを $n+1$ 回やれば

$$d^{n+1}u^{n+1}(\emptyset) = (n+1)!\emptyset$$

となり証明が終わる．以上をまとめれば，第2講で RS 対応を用いて示した式

$$\sum_{\lambda \in P(n)} (f^\lambda)^2 = n!$$

が再び示されたことになる．

2-ヤング束

　何年か前に沖吉真実と「r-ヤング束」というものを考えたことがある．r は自然数だ．この節では議論の発端となった $r=2$ の場合のあらすじを述べよう．2個のマス目からなるヤング図形，すなわちドミノ

を付け足すことによりできるヤング束のことだ．「ああ，倒すヤツね」と言われるのだが違う．ドミノは将棋駒と同じくゲームの道具であり，決して倒すためだけにあるのではない．ハッセ図形は図 3-2 のようになる．ただし本講においては辺に符号をつける．「横ドミノ」□□をつけたり取ったりする辺にプラス，「縦ドミノ」はマイナスだ．たとえば

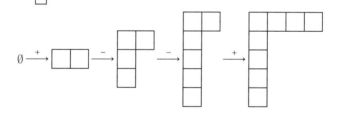

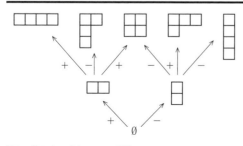

図 3-2 ● 2-ヤング束のハッセ図形

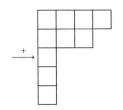

となる．経路の符号は辿った辺の符号の積として定義される．上の例ではプラスになる．この2ヤング束$\mathscr{Y}_2$で生成される$\mathbb{Z}$加群をM_2と書き，その上の上昇，下降作用素を次のように定義する．

$$u : M \longrightarrow M, \quad \mu \mapsto \sum_{\mu \to \lambda} (\pm)\lambda,$$

$$d : M \longrightarrow M, \quad \lambda \mapsto \sum_{\mu \to \lambda} (\pm)\mu,$$

右辺の$(\pm)$は辺$\mu \to \lambda$につけられた符号とする．このとき次が成り立つ．

$$u^n(\emptyset) = \sum_{\lambda \in \mathscr{Y}_2} \chi^\lambda_{(2^n)} \lambda,$$

$$d^n(\lambda) = \chi^\lambda_{(2^n)} \emptyset.$$

ここでχ^λ_ρは対称群の既約指標である．正確に言うならば対称群S_{2n}の分割λに対応する既約表現の指標χ^λの，分割ρで定まる共軛類での値という整数である．上の式では$\rho = (2^n) = (2, 2, \cdots, 2)$での値が現れる．ムルナガン–中山の定理という計算アルゴリズムがあり，それがまさにこのヤング束における経路の(符号つき)個数なのだ．振り返って$r = 1$の場合，すなわち普通のヤング束の場合は係数に$\chi^\lambda_{(1^n)} = f^\lambda$が出てきた．これは言い換えれば分割$\lambda$に対応する既約表現の次元である．

　さて2-ヤング束の場合は

$$[u, d] = 2$$

なる交換関係が示される．ドミノが縦と横の2種類あることから直感的に理解されるであろう．これを使えば帰納法により

$$\sum_{\lambda \in P(2n)} (\chi^\lambda_{(2^n)})^2 = 2^n n!$$

が証明される．右辺の量は超八面体群(B型ワイル群)R_nの位数である．この群に関してはヤング図形よりも，そのペア$(\lambda^{(0)}, \lambda^{(1)})$が相性がよい．したがってペアのヤング束を考えるべきであるが，そのためにはヤング図形の「2-芯(2-

core)」と「2-商(2-quotient)」を導入する必要がある．長くなるのでここでは省略するが，第6講で少し詳しく説明しよう．あるいは J. オルソンの講義録 "Combinatorics and Representations of Finite Groups" [14] を参照されたい．彼のウェブサイトからフリーでダウンロードできる．

r-ヤング束

　最後に一般の自然数 r に対して r-ヤング束をさらっと述べよう．2-ヤング束の場合に鑑みて r 個のマス目を持つヤング図形をつけたり取ったりすればいいのだろう，と考えたくなるが，ある程度ヤング図形の議論に習熟した人は，ドミノの一般化は「r-フック(r-hook)」であろうと直感的にわかる．$k = 1, 2, \cdots, r$ に対して $(k, 1^{r-k})$ という分割を r-フックと呼ぶ．たとえば4-フックは次の4つだ．

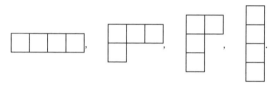

　こういうのを与えられたヤング図形に「つける」とはどういう手続きになるのか．説明しにくいので「取り去る」ことを例で解説しよう．ヤング図形の各マス目は固有の「フック長」を持っている．マス目から右に進むとき，いくつのマス目を通過するか，これをそのマス目の「腕の長さ」と呼ぼう．また真下に進むときの通過するマス目の個数を「脚の長さ」と呼ぶ．いずれも自分自身（ボディ）は入れないで勘定する．そしてマス目のフック長とは

　　　　　[腕の長さ]＋[脚の長さ]＋1

で定義される．各マス目にそのフック長を書き入れると次のようになる．

7	5	2	1
4	2		
3	1		
1			

このヤング図形にはフック長が4のマス目が一つある．4フックを「取り除く」

とは実際にマス目を消してしまうのだ．残りはもはやヤング図形ではなく連結
成分が2つになってしまう．右下にある連結成分を「左上，斜め45度」に押し
つけて新しいヤング図形ができる．

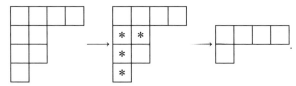

これが「フックを取り去る」ということの意味である．この逆操作が「フック
をつける」だ．以上のような手続きでr-ヤング束を作ることができる．各辺
には符号が付与されるが，どういうふうにしたら具合がいいか自分で考えてみ
られたい．上昇，下降作用素も自然に定義され，交換関係もわかる．2-ヤング
束の場合と同様な考察で

$$\sum_{\lambda \in P(rn)} (\chi^{\lambda}_{(r^n)})^2 = r^n n!$$

が示される．

分割恒等式

古典的公式

第4講では自然数の分割を $\lambda = (1^{m_1} 2^{m_2} \cdots n^{m_n})$ のように書こう．これは分割 λ の成分として 1 が m_1 個，2 が m_2 個，…という意味である．λ を明示して $m_i = m_i(\lambda)$ と書く場合もある．λ のサイズが n であれば $m_1 + 2m_2 + \cdots + nm_n = n$ となっている．対称群の共軛類を決める表示である．共軛類の代表元の中心化群の位数は次で与えられる．

$$z_\lambda = \prod_{i \geq 1} i^{m_i} \cdot \prod_{i \geq 1} m_i!.$$

ここで右辺の第1因子を a_λ，第2因子を b_λ とおく．ここでは i^{m_i} は分割の記法とは異なり，普通に冪をとっている．要するに a_λ は λ のパート全部の積である．さらに

$$a(n) = \prod_{\lambda \in P(n)} a_\lambda, \quad b(n) = \prod_{\lambda \in P(n)} b_\lambda$$

とおく．表題の「古典的公式」とは $a(n) = b(n)$ のことである．$n = 5$ で実際に数値を見てみよう（表4-1）．$a(5) = b(5) = 2880$ であることが見て取れる．「古典的」とはいうものの大昔から知られていたわけではなかろう．私の知る限りでは1980年代に論文がある．

対称群の「指標表」というものがある．対称群 S_n の（通常）既約表現は n の分割 λ でラベル付けられる．その指標，すなわち表現行列のトレースは各共軛類 ρ の上で一定の値をとる．それを χ_ρ^λ と書く．自明なことではないが，これらは整数である．指標表とはこの指標値を行列の形に並べたもの $T_n = (\chi_\rho^\lambda)_{\lambda\rho}$ のことである．この並びが一般的だと思うが岩波書店の『数学辞典』のように転置をさす場合もある．単なる表なのだが，これを正方行列と考えて行列式なぞを計算してみる．ただし指標表の行列式がどういう意味を持つかは，私には

λ	(1^5)	$(1^3 2)$	$(1^2 3)$	(14)	(12^2)	(23)	(5)
a_λ	1	2	3	4	4	6	5
b_λ	120	6	2	1	2	1	1

表4-1

よくわからない．群の表現論で一番大切な事実は「指標の直交性」であろう．それは次のように書くことができる．

$$^t T_n \overline{T_n} = Z.$$

ただし $Z = \mathrm{diag}(z_\rho)_\rho$ は z_ρ が並んだ対角行列である．対称群の場合は左辺の複素共軛は必要ない．正式には「指標の第2直交関係」と呼ばれるものだ．「列の直交関係」と呼ぶ人もいるが前述のように意味がない．この式から $T_n Z^{-1} {}^t T_n = I$ が導出される．これが「指標の第1直交関係」，あるいは「行の直交関係」だ．これらと古典的公式により

$$\det T_n^2 = \prod_{\lambda \in P(n)} z_\lambda = a(n)b(n) = a(n)^2.$$

したがって $|\det T_n| = a(n) \, (= b(n))$ である．

正則版

コペンハーゲン大学のオルソンは上の古典的公式の「正則版」を考察した．2以上の整数 r を固定する．分割 $(1^{m_1} 2^{m_2} \cdots)$ が「r 類正則」であるというのを $m_{ir} = 0 \, (i \geqq 1)$ と定義する．つまり r の倍数を成分として含まない，ということだ．分割が「r 正則」というのもある．これは $m_i < r \, (i \geqq 1)$ と定義される．n の r 類正則な分割の全体を $P^r(n)$，r 正則な分割の全体を $P_r(n)$ で表す．両者の個数が等しいことはオイラーによって示されている．母函数を考えればあっという間にできる．「グレイシャー対応」という有名な全単射 $\gamma : P_r(n) \longrightarrow P^r(n)$ もある．大雑把に述べよう．$\lambda \in P_r(n)$ の成分に r の倍数 kr があればその成分を k^r に変換する．力学系で習う「パイこね変換」に似ている．この操作を繰り返して，最終的にどの成分も r の倍数でなくなればその分割 $\gamma(\lambda) = \tilde{\lambda}$ は r 類正則だ，ということである．さて今必要なのは r 類正則の方だ．

$$a(r, n) = \prod_{\lambda \in P^r(n)} a_\lambda, \qquad b(r, n) = \prod_{\lambda \in P^r(n)} b_\lambda$$

とする．また $c(r, n)$ を次の母函数で定義される量とする：

$$\sum_{n \geqq 0} c(r, n) q^n = \Phi_r(q) \sum_{m \geqq 1} \frac{q^{rm}}{1 - q^{rm}}.$$

ただしここで

$$\Phi_r(q) = \prod_{k \geqq 1} \frac{1-q^{rk}}{1-q^k} = \sum_{n \geqq 0} |P^r(n)| q^n$$

とした．オルソンの定理(2003)は次の通り．

$$b(r,n) = r^{c(r,n)} a(r,n).$$

r が十分大きければ，たとえば $r > n$ ならば $a(r,n) = a(n)$, $b(r,n) = b(n)$ なのでオルソンは古典的公式の一般化を与えていると言ってもよい．この場合 $c(r,n) = 0$ に注意されたい．r が素数の場合には対称群のモジュラー表現と関係する．ただしブラウアー指標だのカルタン行列だのといったものを説明しなければならないので，ここでは省略しよう．とは言ってみたものの，やっぱり喋りたくなったので，本講の最後にちょっとだけ(無定義で)述べてみようと思っている．とりあえず今はオルソンの定理の q-真似(q-analogue)を与える．

すだれ図

まず2以上の自然数 r と分割のサイズ n を固定する．r 類正則分割 $\lambda = (1^{m_1} 2^{m_2} \cdots)$ と非負整数 $\ell \geqq 0$ に対して

$$D_\ell(i,\lambda) := \{(j,k) \in \mathbb{Z}^2 ; j \geqq \ell,\ 1 \leqq k \leqq m_i,\ r^j \mid k\}$$

とおく．たとえば $r=2$ として λ が i^{10} というパートを持っているものとすると $D_0(i,\lambda)$ は次のような「すだれ図」になる：

このようなすだれ図を集めて

$$\mathscr{D}_\ell(\lambda) = \{c = (\lambda ; i,j,k) \in \{\lambda\} \times \mathbb{Z}^3 ; i \geqq 1,\ r \nmid i,\ (j,k) \in D_\ell(i,\lambda)\}$$

とし，また r 類正則分割について非交和をとって

$$\mathscr{D}_\ell(r,n) = \coprod_{\lambda \in P^r(n)} \mathscr{D}_\ell(\lambda)$$

とする．ここの元 $c = (\lambda ; i,j,k)$ をセルと呼ぶことにしよう．なおフォントの違い，すなわち D と $\mathscr{D}$ に注意されたい．D は個々のセル，$\mathscr{D}$ はセルの集合で

ある．別の文字を用いてもよいのだが，ここでは論文の記法に合わせた．

さてセル $c = (\lambda ; i, j, k) \in \mathcal{D}_0(\lambda)$ に対して，その A ウエイト，B ウエイトをそれぞれ

$$A(c) = ir^j, \qquad B(c) = \frac{k}{r^j}$$

により与える．先ほどの例で各セルに A ウエイト，B ウエイトを付与したすだれ図を書く．

$$
\begin{array}{cccccccccc}
i & i & i & i & i & i & i & i & i & i \\
 & 2i & & 2i & & 2i & & 2i & & 2i \\
 & & 4i & & & & 4i & & & \\
 & & & & 8i & & & & &
\end{array}
$$

$$
\begin{array}{cccccccccc}
1 & 2 & 3 & 4 & 5 & 6 & 7 & 8 & 9 & 10 \\
 & 1 & & 2 & & 3 & & 4 & & 5 \\
 & & 1 & & & & 2 & & & \\
 & & & & 1 & & & & &
\end{array}
$$

次に不定元，すなわち文字 Q_k $(k \geq 1)$ を準備してその単項式を定義する：

$$w_A^\ell(\lambda) = \prod_{c \in \mathcal{D}_\ell(\lambda)} Q_{A(c)}, \qquad w_B^\ell(\lambda) = \prod_{c \in \mathcal{D}_\ell(\lambda)} Q_{B(c)}.$$

例として $\lambda = (i^{10})$ であれば上のすだれ図を見て

$$w_A^0(\lambda) = Q_i^{10} Q_{2i}^5 Q_{4i}^2 Q_{8i},$$
$$w_B^0(\lambda) = Q_1^4 Q_2^3 Q_3^2 Q_4^2 Q_5^2 Q_6 Q_7 Q_8 Q_9 Q_{10},$$
$$w_A^1(\lambda) = Q_{2i}^5 Q_{4i}^2 Q_{8i},$$
$$w_B^1(\lambda) = Q_1^3 Q_2^2 Q_3 Q_4 Q_5$$

がわかる．当たり前だが $\ell' \geq \ell$ ならば $w_A^{\ell'}(\lambda) \mid w_A^\ell(\lambda)$ である．B ウエイトについても同様だ．またグレイシャー対応 γ との関連で次のことが確かめられる．

$$\deg w_A^1(\lambda) = \frac{\ell(\lambda) - \ell(\gamma^{-1}(\lambda))}{r - 1}.$$

紛らわしいがここで $\ell(\lambda)$ は分割 λ の長さ，すなわち正の成分の個数である．

当時，稚内にいた安東雅訓と一緒に考えて得た定理は次のようなものである．

●定理 4-1

任意の自然数 $\ell \geq 0$ に対して

$$\prod_{\lambda \in P^r(n)} w_A^\ell(\lambda) = \prod_{\lambda \in P^r(n)} w_B^\ell(\lambda)|_{Q_k \mapsto Q_{r^\ell k}}.$$

右辺は各因子 $w_B^\ell(\lambda)$ において Q_k を $Q_{r^\ell k}$ に置き換えることを意味する.

$r = 2$, $2 \leq n \leq 5$ で実際に単項式を見てみよう（表 4-2）.

B ウエイトの方は変数変換 $Q_k \mapsto Q_{r^\ell k}$ により得られることは各自確かめられたい. 定理の証明はいささか技巧的である. 自分で手を動かしながらでないと読めないだろうが, 面白い組合せ論的な議論なので, ここに書いておくことにする. 固定された ℓ に対して $\mathcal{D}_\ell(r, n)$ 上の対合射 θ_ℓ で $A(\theta_\ell(c)) = r^\ell B(c)$ を満たすものを構成するものである. つまり定理よりも強い主張の全単射証明を行うのだ. $c = (\lambda ; i, j, k) \in \mathcal{D}_\ell(\lambda)$ をとろう. $k \leq m_i i$, $r^j \mid k$ であるから $k = i^* r^{j+j^*}$ と書ける. ここで $r \nmid i^*$, $j^* \geq 0$ である. さらに $k^* = ir^{j+j^*}$ とおくと $ik = i^* k^*$ である. このときヤング図形 $\mu \in P(n-ik)$ で $\lambda = \mu \sqcup (i^k)$ となるものが存在する. ここで右辺は μ と長方形 (i^k) とのヤング図形としての和, すなわち合体である. そこで $\lambda^* = \mu \sqcup (i^{*k^*})$ とおいてやれば $\lambda^* \in P^r(n)$. 最終的に $\theta_\ell(c) = (\lambda^* ; i^*, j+\ell, k^*) \in \mathcal{D}_\ell(\lambda^*)$ と定義すれば, これが対合射であることが確かめられ, 次の計算により求めるものであることがわかる. これで証明おしまい.

$$A(\theta_\ell(c)) = i^* r^{j^*+\ell} = \frac{ik}{k^*} r^{j^*+\ell} = \frac{ikr^{j+\ell}}{ir^{j+j^*}} = r^\ell \frac{k}{r^j} = r^\ell B(c).$$

例として $r = 2$, $\lambda = (13^2)$, $i = 3$, $j = 1$, $k = 2$ としてみる. すると $i^* = 1$, $j^* = 0$, $k^* = 6$, $\lambda^* = (1^7)$ となることが確かめられる. ここで新たな文字 R_k $(k \geq 1)$ を導入する. ただし関係式 $Q_{rk} = R_k Q_k$ という「縛り」を入れておく. この文字を使って定理の $\ell = 1$ の式を書けば

$$\prod_{\lambda \in P^r(n)} w_A^\ell(\lambda)(Q) = \prod_{\lambda \in P^r(n)} w_B^\ell(\lambda)(R) \cdot \prod_{\lambda \in P^r(n)} w_B^\ell(\lambda)(Q)$$

となる. さらに文字の特殊化を行おう.

$$Q_k = \frac{1-q^k}{1-q}, \qquad R_k = \frac{1-q^{rk}}{1-q^k}$$

n	2	3	4	5
$\prod w_A^0$	$Q_2^2 Q_2$	$Q_1^3 Q_2 Q_3$	$Q_1^5 Q_2^2 Q_3 Q_4$	$Q_1^7 Q_2^2 Q_3 Q_4$
$\prod w_A^1$	Q_1	Q_2	$Q_2^2 Q_4$	$Q_2^3 Q_4$

表 4-2

とするのである．ここで文字 q は「もともとのもの」である．つまり我々は $a(n) = b(n)$ などの q-真似をこしらえたいのだ．関係式 $Q_{rk} = R_k Q_k$ が保たれていることに注意しよう．$\lambda = (1^{m_1} 2^{m_2} \cdots) \in P^r(n)$ に対して

$$\frac{w_A^0(\lambda)(Q)}{w_A^1(\lambda)(Q)} = \prod_{i \geq 1} Q_i^{m_i}, \qquad \frac{w_B^0(\lambda)(Q)}{w_B^1(\lambda)(Q)} = \prod_{i \geq 1} Q_1 \cdots Q_{m_i}$$

なので文字 q で書りば

$$\frac{w_A^0(\lambda)(Q)}{w_A^1(\lambda)(Q)} = \prod_{i \geq 1} \left(\frac{1-q^i}{1-q} \right)^{m_i}$$

$$\frac{w_B^0(\lambda)(Q)}{w_B^1(\lambda)(Q)} = \prod_{i \geq 1} \left(\frac{1-q}{1-q} \right) \cdots \left(\frac{1-q^{m_i}}{1-q} \right)$$

である．これらの λ の関する積は $a(r, n), b(r, n)$ の q-真似と呼ぶに相応しいものだ．$a_q(r, n), b_q(r, n)$ という名前をつけよう．つまり

$$a_q(r, n) = \prod_{\lambda \in P^r(n)} \frac{w_A^0(\lambda)(Q)}{w_A^1(\lambda)(Q)} = \prod_{\lambda \in P^r(n)} \prod_{i \geq 1} \left(\frac{1-q^i}{1-q} \right)^{m_i(\lambda)},$$

$$b_q(r, n) = \prod_{\lambda \in P^r(n)} \frac{w_B^0(\lambda)(Q)}{w_B^1(\lambda)(Q)} = \prod_{\lambda \in P^r(n)} \prod_{i \geq 1} \left(\frac{1-q}{1-q} \right) \cdots \left(\frac{1-q^{m_i(\lambda)}}{1-q} \right).$$

次に

$$c_q(r, n) = \prod_{\lambda \in P^r(n)} w_B^1(\lambda)(R)$$

と定義する．このとき

$$c_q(r, n) a_q(r, n)$$

$$= \prod w_B^1(\lambda)(R) \cdot \prod \frac{w_A^0(\lambda)(Q)}{w_A^1(\lambda)(Q)} = \prod w_B^1(\lambda)(R) \cdot \prod \frac{w_A^0(\lambda)(Q)}{w_B^1(\lambda)(Q) \cdot w_B^1(\lambda)(R)}$$

$$= \prod \frac{w_A^0(\lambda)(Q)}{w_B^1(\lambda)(Q)} = \prod \frac{w_B^0(\lambda)(Q)}{w_B^1(\lambda)(Q)} = b_q(r, n)$$

つまりこの式が $r^{c(r,n)} a(r, n) = b(r, n)$ の q-真似なのだ．$c_q(r, n)$ については $c(r, n)$ そのものではなく $r^{c(r,n)}$ に対応していることに注意されたい．

講釈

2010 年頃，当時の同僚の鈴木武史，学生の安東雅訓と一緒に岩堀ヘッケ環の次数つきカルタン行列を調べたことがある．詳しいことはいずれ述べる機会が

あろうかと思うので今は粗い説明だけする．岩堀ヘッケ環というのは対称群の
群環のパラメータつき変形のことである．そのパラメータが1の原始r乗根ζ
のときの表現論が興味の対象だった．ついでに言っておくと「岩堀-ヘッケ環」
とハイフンを入れてはいけない．「岩堀（長慶）によるヘッケ環」であって決し
て「岩堀とヘッケによって得られた環」ではない．カッツ-ムーディ　リー環と
は違うのだ．（これだってムーディとリーの間にハイフンは入れないだろう．）
パラメータ（qと書きたいが混乱するのでやめておく）が1のべき根でない場合
は岩堀ヘッケ環の表現論は対称群の（通常）表現論と「同じ」であって新鮮味は
ない．正式には「森田同値」と言うらしい．しかしパラメータをζにした途端
に半単純性が崩れて難しくなる．つまり面白くなる．「半単純」とは行列で言
えば「対角化可能」みたいなものだ．簡単で透明な理論が期待できる．ところ
が面白い数学はえてして「特異的」なところに潜んでいる．対角化可能な行列
よりジョルダン標準形の方がはるかに複雑で面白い．半単純でない表現論はよ
く「モジュラー表現論」と呼ばれている．ここで登場するのが「カルタン行列」
である．ただしリー環論，ルート系に関連して出てくるカルタン行列とは別物
なので注意が必要だ．（どちらも名前の由来は親父の方，すなわち Élie Cartan
である．）　安東，鈴木と一緒にやったのは$c_q(r,n)$が岩堀ヘッケ環$H_n(\zeta)$の
「次数つきカルタン行列」の行列式に一致している，ということだった．自分で
も気に入っている仕事の一つで，当時は方々で喋らせてもらった．2011年の代
数学シンポジウムで講演させてもらったのもよい思い出だ．論文は[15]に掲載
されている．この話で$c_q(r,n)$の重要性に気がついていたからこそ，オルソン
の公式のq真似にたどり着いたのだ．安東との共著はわずか4ページの短いも
のだ．2015年春の広島大学でのセミナーが契機となったこと，私の広島大学大
学院での師匠，岡本清郷の80歳の誕生日に献呈したい，ということから[16]に
載せてもらった．

　連載当時，本講の準備中にベンカルトの訃報に接した．

Georgia McClure Benkart
1947年12月30日-2022年4月29日

リー環の表現論を専門にしてはいたが興味の広い研究者であり，そして私の友人であった．1998 年，数理解析研究所のプロジェクトで日本にお呼びしたときには "Down-up algebra" というタイトルで講演してもらった．本当ならば "up-down" と名付けたいところだがすでに別の "animal" にこの名は使われており，やむなく逆にしたとのことであった．2002 年，私がウィスコンシン大学（マディソン）を訪問した際には，ご自宅に招いていただいた．いつも笑みを絶やさず，穏やかでゆったりとした素敵な女性であった．

　Georgia, requiescat in pace et in amore.

分割単因子

分割に付随する単因子

　前書きも何もなくいきなりで申し訳ないが自然数 $r \geqq 2$ を固定する．ちょっとだけ復習しよう．自然数 n の分割 $\lambda = (1^{m_1} 2^{m_2} \cdots) \in P(n)$ が r 正則であるとは任意の $i \geqq 1$ に対して $m_i < r$ であること，また r 類正則であるとは任意の $i \geqq 1$ に対して $m_{ir} = 0$ であることと定義するのであった．n の r 正則分割の全体を $P_r(n)$，r 類正則分割の全体を $P^r(n)$ で表す．オイラーが母函数を用いて証明したことは $|P_r(n)| = |P^r(n)|$ である．この数を $p^r(n)$ で表すことにする．いつものように $p^r(0) = 1$ と約束する．母函数は

$$\sum_{n=0}^{\infty} p^r(n) x^n = \prod_{k=1}^{\infty} \frac{1 - x^{rk}}{1 - x^k} = \prod_{k=1}^{\infty} \sum_{j=0}^{r-1} x^{jk}$$

である．2つの自然数 $r < r'$ に対して $p^r(n) \leqq p^{r'}(n)$ は意味を考えれば次のことは自明であろう．「r 個の繰り返しがなければ r' 個の繰り返しがあるわけがない」．さて条件をつけない分割 $\lambda = (1^{m_1} 2^{m_2} \cdots) \in P(n)$ に対して，前回と同様に $a_\lambda = \prod_{i \geqq 1} i^{m_i}$，$b_\lambda = \prod_{i \geqq 1} m_i!$ と置く．これらを対角に並べた行列をそれぞれ $A(n), B(n)$ としよう．つまり

$$A(n) = \mathrm{diag}(a_\lambda)_{\lambda \in P(n)}, \qquad B(n) = \mathrm{diag}(b_\lambda)_{\lambda \in P(n)}.$$

たとえば $n = 3$ であれば

$$A(3) = \mathrm{diag}(1, 2, 3), \qquad B(3) = \mathrm{diag}(6, 1, 1)$$

である．

　問題にするのはこれらの整数行列の単因子である．単因子とは何か．高校生や大学初年級の学生には若干難しいかも知れないが説明してみよう．少しだけ背伸びしてほしい．一般に整数を成分とする行列 $X = (x_{ij})$ が与えられたとする．線型代数で習う「行基本変形」を思い出す．3種類あった．ただし整数行列の範囲でできるものだけ許すことにする．また可逆な変形だけを考えるので，

「ある行をスカラー倍する」という変形は（符号の取替以外は）考えなくてよい．そういう条件つきの行基本変形を繰り返すことにより，X は

$$S(X) = \begin{pmatrix} d_1 & & & & & & & \\ & d_2 & & & & & & \\ & & * & & & & & \\ & & & * & & & & \\ & & & & d_r & & & \\ & & & & & 0 & & \\ & & & & & & * & \\ & & & & & & & * \end{pmatrix}$$

という形で，しかも $d_i \mid d_{i+1}$ $(1 \leqq i \leqq r-1)$ を満たすように変形される．もちろんこれは非自明なことであり証明が必要である．一般には「主イデアル整域（principal ideal domain, 略して PID）」に対して理論展開ができる．たとえば「単因子論偏愛者」を自認される堀田良之氏の『代数入門』(裳華房)[17]第 12 節を参照されたい．1 箇所小さなミスプリントがあるが，それを見つけるのも一興だろう．初歩の可換環論では PID だの UFD だのといった略号を習う．学生は混乱して PDF などと口走る．ここで整除関係がある正整数の列 $(d_1 \mid d_2 \mid \cdots \mid d_r)$ の各成分を X の「単因子(elementary divisor)」と呼ぶのである．単因子が並んだ上のような行列 $S(X)$ を X の「スミス標準形(Smith normal form)」と呼ぶ文献もある．日本ではあまり使われない術語のようだ．たとえば $A(3)$ および $B(3)$ のスミス標準形はともに $\mathrm{diag}(1,1,6)$ となる．単因子が等しいのは偶然であり一般に成り立つことではない．$A(4)$ および $B(4)$ のスミス標準形はそれぞれ $\mathrm{diag}(1,1,2,4,12), \mathrm{diag}(1,1,2,2,24)$ である．注意すべきは単因子の積はもとの行列の行列式（の絶対値）に等しいことである．これは許される行基本変形が行列式の絶対値を変えないことに起因する．この，固有値と似て非なる単因子がいったい何の役に立つのか，"有限生成アーベル群の構造定理云々" などと言うことはできるかも知れないが，大学 1 年生に対して説得力のある説明はうまくできない．でも何せ整数だ．組合せ論的には固有値よりも面白い不変量であることは間違いない．

さて素数 ℓ に対して $N^A(\ell, n)$ (resp. $N^B(\ell, n)$) を，$A(n)$ (resp. $B(n)$) の単因子のうち，ℓ 以上の素因数を持たないものの個数と定義する．第 5 講の主定

理は以下の通り.

●定理 5-1 ────────────

$$N^A(\ell, n) = N^B(\ell, n) = p^\ell(n).$$

　普通，素数には p という文字をあてるが，第 5 講では分割数に p を用いているので混乱を避けるため素数を ℓ にする．この定理は熊本大学での(元)同僚，千吉良直紀氏との共同研究により得られたものである．当初私が $n = 7$ ぐらいまで手で実験してみた．単因子 1 の個数として分割数らしきものが出てきているのに驚いた．大学で隣部屋の千吉良さんとはしょっちゅうお喋りをするのだが，何かの折にこの実験結果を話したのだと思う．興味を持った千吉良さん，コンピュータで $n = 50$！まで $A(n), B(n)$ の単因子を求めて印刷した表を見せてくれた．群論屋の面目躍如だ．彼らにとって位数 100 や 200 の群は群ではない．（ここで！は階乗ではない．ただのビックリマークである．）　それはさておき，その表を 2 人で仔細に検討した結果，定理のような形にまとまったのである．以下に紹介する証明も 2 人で考えた．（ウソ！　私は千吉良さんに証明を教えてもらっただけである．）　せっかくなので短い論文を書いて組合せ論関係のジャーナルに投稿したのが 2019 年 3 月．それから 5 年以上経つがいまだに採否の連絡がこない．忘れられてお蔵入りになってしまうのを恐れて本書のこの場で披露させていただく次第である．話が出来上がるちょっと前には，大阪大学の宇野勝博氏からもさまざまな助言を得たことを付記しておく．

初等整数論

　では証明の概略を述べよう．分割 λ に対して a_λ を素因数分解する：

$$a_\lambda = \prod_\ell \ell^{\alpha_\ell(\lambda)}.$$

ここで積は素数 ℓ を走るものとする．素数 ℓ を固定して，λ を動かしたとき指数 $\alpha_\ell(\lambda)$ を小さい順に並べて

$$\alpha_{\ell,1} \leqq \alpha_{\ell,2} \leqq \cdots \leqq \alpha_{\ell,t}$$

としよう．ここで個数 t は n の分割数 $p(n)$ である．意味をよく考えれば次が

わかるだろう.
$$\alpha_{\ell,s} = 0 \Longleftrightarrow p^{\ell}(n) \geqq s.$$
したがって $\alpha_{\ell,s} = 0$ かつ $\alpha_{\ell,s+1} > 0$ は $p^{\ell}(n) = s$ と同値になる.

さて $A(n)$ の単因子を小さい方から数えて s 番目のものを D_s^A とし,それを素因数分解すると
$$D_s^A = \prod_{\ell} \ell^{\alpha_{\ell,s}}$$
となる.これは単因子の定義(計算法)を見直せば理解されると思う.2つの素数 $\ell < \ell'$ に対して $\alpha_{\ell,s} = 0$ すなわち $p^{\ell}(n) \geqq s$ ならば,$p^{\ell'}(n) \geqq s$ すなわち $\alpha_{\ell',s} = 0$ である.以上により $N^A(\ell, n)$ は $\alpha_{\ell,s} = 0$ かつ $\alpha_{\ell,s+1} > 0$ なる s に一致することがわかる.つまり $N^A(\ell, n) = p^{\ell}(n)$ が示された.

行列 $B(n)$ の方も同様である.b_{λ} を素因数分解して
$$b_{\lambda} = \prod_{\ell} \ell^{\beta_{\ell}(\lambda)}$$
により定められた $\beta_{\ell}(\lambda)$ を小さい順に並べて
$$\beta_{\ell,1} \leqq \beta_{\ell,2} \leqq \cdots \leqq \beta_{\ell,t}$$
とする.$B(n)$ の単因子の s 番目は
$$D_s^B = \prod_{\ell} \ell^{\beta_{\ell,s}}$$
である.指数については $\alpha_{\ell,s}$ の場合と同様に
$$\beta_{\ell,s} = 0 \Longleftrightarrow p^{\ell}(n) \geqq s$$
であるから,あとの議論は $A(n)$ と同じである.以上で証明が終わる.

何をやっているのかを明確にするために $n = 5$ の場合にいろいろな量を表

λ	(1^5)	$(1^3 2)$	$(1^2 3)$	(12^2)	(14)	(23)	(5)
a_{λ}	1	2	3	4	4	6	5
$\alpha_{2,*}$	0	0	0	1	1	2	2
$\alpha_{3,*}$	0	0	0	0	0	1	1
$\alpha_{5,*}$	0	0	0	0	0	0	1
D_*^A	1	1	1	2	2	12	60

λ	(1^5)	$(1^3 2)$	$(1^2 3)$	(12^2)	(14)	(23)	(5)
b_{λ}	120	6	2	2	1	1	1
$\beta_{2,*}$	0	0	0	1	1	1	3
$\beta_{3,*}$	0	0	0	0	0	1	1
$\beta_{5,*}$	0	0	0	0	0	0	1
D_*^B	1	1	1	2	2	6	120

表 5-1

にしてみよう.

　単因子1の個数が $3 = p^2(5)$ である, というのがことの発端であった. 表5-1から想像できるように行列 $A(n), B(n)$ の単因子のうち最大のものは次で与えられる.

●系 5-2 ───────────────────

　$A(n)$ の最大単因子は $\prod_\ell \ell^{\lfloor \frac{n}{\ell} \rfloor}$, $B(n)$ の最大単因子は $n!$ である.

　まずここ以降のビックリマーク(!)は階乗である. また実数 x に対して $\lfloor x \rfloor$ は x 以下の最大整数を表す. 組合せ論業界でガウス記号 $[x]$ の代わりによく使われるものである. これと対となる $\lceil x \rceil$ というのもあり, これは x 以上の最小整数を表す. 私はどちらがガウス記号の意味なのか混乱していたのだが, あるとき, 「切り下げと切り上げ」と説明されてすんなりと頭に入った.

　さて $A(n)$ の最大単因子は $D_t^A = \prod_\ell \ell^{\alpha_{\ell,t}}$ である. 素数 ℓ を固定したとき, n の分割の中で特に $\ell^{\alpha_{\ell,t}}$ を部分として含むものがあるはずだ. これより $\alpha_{\ell,t} = \lfloor n/\ell \rfloor$ とならざるを得ない. 同様に $B(n)$ については $b_{(1^n)} = n!$ であり, $\beta_{\ell,t}$ が $n!$ に含まれる ℓ の個数なので $D_t^B = n!$ である.

対称群の指標表

　対称群 S_n の指標表を第4講と同様 T_n とする. 指標の直交性より $^t T_n T_n = \mathrm{diag}(z_\lambda)_{\lambda \in P(n)}$ である. 右辺の対角行列を $Z(n)$ と書き, その単因子を問題にする. 素数 ℓ に対し, $Z(n)$ の単因子で ℓ 以上の素因数を含まないものの個数を $N^Z(\ell, n)$ とする. 新たな分割数を定義しよう. 自然数 r に対して $q^r(n) = |P_r(n) \cap P^r(n)|$ とする. つまり r 正則かつ r 類正則な分割の個数である. 2つの自然数 $r < r'$ に対し $q^r(n) \leq q^{r'}(n)$ であることは明らかだ.

●定理 5-3 ───────────────────

（1）　$N^Z(\ell, n) = q^\ell(n)$.

（2）　$Z(n)$ の最大単因子は $n!$ であり, その重複度は2以上である.

(1)の証明は定理 5-1 のそれと同様である.

$$z_\lambda = \prod_\ell \ell^{\gamma_\ell(\lambda)}$$

と素因数分解し,指数 $\gamma_\ell(\lambda)$ を λ に関して小さい順に並べて

$$\gamma_{\ell,1} \leqq \gamma_{\ell,2} \leqq \cdots \leqq \gamma_{\ell,t}$$

とすると

$$\gamma_{\ell,s} = 0 \Longleftrightarrow q^\ell(n) \geqq s$$

がわかる.これより(1)が示される.

(2)については次のようにする.分割 $\lambda = (1^n)$ に対しては $z_\lambda = n!$ である.定理 5-1 の系と同様にこれが最大単因子であることは明らかだ.素数 $\ell \ (\leqq n!)$ に対して S_n の ℓ シロー部分群 Syl_ℓ が存在する.どういうことか説明しよう.S_n の位数 $n!$ の素因数分解を $\ell^r m$ とする.ここで m は ℓ 以外の素因数の積とする.「シローの定理」とは S_n には必ず位数 ℓ^r の部分群 Syl_ℓ が存在する,というものである.[17]には「一般の有限群に対して成立するほとんど唯一の構造定理」と述べられている.ただ残念ながら学部の半期の代数学の講義では証明を与える時間がなかなか取れない.シロー部分群 Syl_ℓ の中心は単位元以外の元 σ を含む.したがって σ の中心化群は Syl_ℓ を含む.σ のサイクルタイプを λ とすれば,もちろん $\lambda \neq (1^n)$ であり,また z_λ の ℓ 冪は(シロー部分群の「最大性」より)最大になる.これで(2)の重複度が 2 以上,という部分が証明されたことになる.これも $n = 5$ の表をお見せしよう(表 5-2).$Z(n)$ の s 番目の単因子を D_s^Z としている.

思い出

分割数が現れるという意味で主張自体は組合せ論的だが,証明はいささか代数的である.『組合せ論トレイル』には似つかわしくないかも知れない.千吉良さんにとっては「空気のような存在」であるシローの定理も,私自身は今回初めて使った.うれしい体験である.

この仕事,何も手がかりも根拠もなく実験をしたように読めるかも知れない

λ	(1^5)	$(1^3 2)$	$(1^2 3)$	$(1 2^2)$	(14)	(23)	(5)
z_λ	120	12	6	8	4	6	5
$\gamma_{2,*}$	0	1	1	2	2	3	3
$\gamma_{3,*}$	0	0	0	1	1	1	1
$\gamma_{5,*}$	0	0	0	0	0	1	1
D_s^Z	1	2	2	12	12	120	120

表 5-2

が，決してそうではない．2005 年に出版された「対称群の指標表の性質」というタイトルの論文を知っていたのである [18]．著者は C. Bessenrodt, J. B. Olsson, R. P. Stanley．ベッセンロト（ハノーヴァー）は私とほぼ同年輩の，オルソン（コペンハーゲン）とスタンレイ（MIT）は私よりも年上の友人である．この論文は対称群の指標表の単因子などを調べていてなかなか面白いのだ．「単因子が組合せ論の対象になる」という認識はこの論文から得た．そんなこともあって $A(n)$ やら $B(n)$ やらの単因子を調べる気になったのだ．

そのベッセンロトが亡くなった．

Christine Bessenrodt
1958 年 3 月 18 日-2022 年 1 月 24 日

2022 年 3 月にアメリカ数学会から電子的に送られた冊子を見ていたら訃報が出ていてショックを受けた．急いで宇野さんにメイルした．宇野さんは1982 年，留学先のイリノイ大学で最初に会ったらしい．以後，家族ぐるみの付き合いだったそうだ．私がベッセンロトに初めて会ったのは 1998 年秋，大阪大学での学会の折だったと記憶している．対称群の標数 2 のスピン表現に関する「分解行列」というものをベンソンが計算しているのだが，その行列式が 2 の冪になっている，という観察結果を伝えた記憶がある．「あら，そうね」と言っただけの薄い反応で拍子抜けしてしまったのだが実はかなり興味を持ってくれて，その後，何度かメイルのやり取りをした．まずブロックごとに議論すべきだ，行列式だけではなく単因子を問題にするべきだ，そしてそれはできるはずだ，という助言をいただいた．結局，彼女自身が先に解決してしまい論文も書いた．冒頭に「ヤマダから教えてもらったことがきっかけになった」と記されているので私は満足した．以降，国際会議等で何度も会うことになる．2010 年 3 月，彼女がオーベルヴォルファッハで主催した「組合せ論的表現論」の研究会に招待してもらった．きちんとオーガナイズされた素晴らしい研究会であった．

また一緒に数学やりたかった．
どうか安らかに Christine.

対称群の表の組合せ論

対称群の指標表

　本書は教科書ではないので体系的な記述を目指してはいない．思いついたこととをそのままランダムに書き散らかしているので，論理的な順序がバラバラだったり，無定義用語が頻出したりしているが，その点は基となった連載のタイトル「組合せ論彷徨」の主旨に鑑みてご容赦いただきたい．いくつかの定義，事実に関しては単行本『組合せ論プロムナード[増補版]』(以下『組合プロ』と略称する)を引用する場合もあるので，参照してくださることを期待している．対称群 S_n の指標表 T_n には今までに何度か言及しているが実際に載せたことはなかったので，ここでは S_3, S_4 の指標表をお見せしよう．ここで行(縦軸)は既約表現，列(横軸)は共軛類に対応する分割が並んでいる．

$$T_3 = \begin{array}{c|ccc} & (1^3) & (12) & (3) \\ \hline (3) & 1 & 1 & 1 \\ (21) & 2 & 0 & -1 \\ (1^3) & 1 & -1 & 1 \end{array}$$

$$T_4 = \begin{array}{c|ccccc} & (1^4) & (1^2 2) & (13) & (2^2) & (4) \\ \hline (4) & 1 & 1 & 1 & 1 & 1 \\ (31) & 3 & 1 & 0 & -1 & -1 \\ (2^2) & 2 & 0 & -1 & 0 & 2 \\ (21^2) & 3 & -1 & 0 & 1 & -1 \\ (1^4) & 1 & -1 & 1 & -1 & 1 \end{array}$$

　D. L. リトルウッドのモノグラフ "The Theory of Group Characters and Matrix Representations of Groups" [19]には $n = 10$ までの T_n が載っている．この本，初版は1950年にオックスフォード大学出版局から出ているが，私が持っているのはアメリカ数学会から2006年に出版された第2版である．本文を読

むことは滅多にないが付録の表はコピーして毎日持ち歩いていた時期がある.

　対称群 S_n の既約表現は n の分割 λ でラベル付けられる. つまり λ に対して既約表現(の同型類)が一つ決まる. 少し詳しく言うと「表現」とは S_n の元 σ に対して正則行列 $\lambda(\sigma)$ が定まり,

$$\lambda(\sigma\tau) = \lambda(\sigma)\lambda(\tau) \qquad (\sigma, \tau \in S_n)$$

という乗法性が成り立つことをいうのであった(『組合プロ』85 ページあたり). 群の準同型写像 $\lambda: S_n \to GL(N, \mathbb{C})$ といってもよい. その正則行列のサイズ N を表現の「次元」という. 行列はベクトル空間 $V = \mathbb{C}^N$ からそれ自身への線型写像を与えるが「不変部分空間」が $\{0\}$ と全体 V しかない場合を既約表現と呼ぶのである. さて既約表現 λ の「指標」とは $\lambda(\sigma)$ のトレース $\mathrm{tr}(\lambda(\sigma))$, すなわち対角成分の和のことである. もし σ と τ が共軛ならばトレースは等しい. したがってその値は各共軛類の上で一定である. 対称群の共軛類は分割で決まるから, 結局, 既約表現 λ の分割 ρ で定まる共軛類上の指標 χ_ρ^λ が定まる. 上に載せた表の「λ 行 ρ 列」に書かれているのが χ_ρ^λ である. 一般に群において単位元 1 (e とも書く)はそれ自身一つの共軛類をなす. 対称群の場合, これは分割 (1^n) に対応する共軛類である. どんな表現でも単位元は単位行列になる, すなわち $\lambda(1) = I$ なのでそのトレースは表現の次元である. したがって指標表の一番左の列は各既約表現の次元が並んでいる. それらの 2 乗和を見てみよう. たとえば $n = 4$ の場合は $1^2 + 3^2 + 2^2 + 3^2 + 1^2 = 24 = 4!$. これが第 1 講で述べた $\sum_{\lambda \in P(n)} (f^\lambda)^2 = n!$ の表現論的な意味である. つまり λ のヤング図形を台とする標準盤の個数 f^λ が実は既約表現の次元にほかならないのである. 群の(表現の)指標に関しては直交性という際立った性質が知られている. 対称群の場合, 指標表を使って書けば

$${}^t T_n T_n = \mathrm{diag}(z_\rho)_{\rho \in P(n)}$$

となる. これは以前にも出てきた式だ. 数学で直交性はきわめて大切な概念であることは言を俟たない. そして三角函数, ルジャンドル多項式, ベッセル函数などの直交性は群の指標やそれに類する球函数の性質として理解される. だから「自然に直交するモノ」が出てきたら背後に群が隠れていると考えて間違いない. これが私が数学を眺めるときの基本姿勢である. これは前書にも書いていた. 『組合プロ』80 ページをご覧いただきたい. 数学に対する考え方が「ブレない」とカッコよく言ってみる.

あとで使うために対称群の指標表の部分行列を定義しておこう. $T_n^{(2)}$ を T_n のうち, 偶数を含まない分割に対応する列だけをピックアップして出来上がる(縦長の)指標表とする. たとえば次のようになる.

$$T_3^{(2)} = \begin{array}{c|cc} & (1^3) & (3) \\ \hline (3) & 1 & 1 \\ (21) & 2 & -1 \\ (1^3) & 1 & 1 \end{array}$$

$$T_4^{(2)} = \begin{array}{c|cc} & (1^4) & (13) \\ \hline (4) & 1 & 1 \\ (31) & 3 & 0 \\ (2^2) & 2 & -1 \\ (21^2) & 3 & 0 \\ (1^4) & 1 & 1 \end{array}$$

シューア函数

対称群の指標表から「シューア函数(Schur function)」を定義することができる. 本来は定義ではなく「フロベニウスの公式」というべきものであるが, ここでは定義として採用しよう. 変数を $t = (t_1, t_2, \cdots)$ とする. 分割 $\lambda \in P(n)$ でラベル付けられるシューア函数を

$$S_\lambda(t) = \sum_{\rho = (1^{m_1} 2^{m_2} \cdots) \in P(n)} \chi_\rho^\lambda \frac{t_1^{m_1} t_2^{m_2} \cdots}{m_1! \, m_2! \cdots}$$

により定義する. これは指標値の母函数とでもいうべき t の多項式である. たとえば

$$S_{(3,1)}(t) = \frac{1}{8} t_1^4 + \frac{1}{2} t_1^2 t_2 - \frac{1}{2} t_2^2 - t_4,$$

$$S_{(2,2)}(t) = \frac{1}{12} t_1^4 - t_1 t_3 + 2 t_4$$

である. 容れ物 $\mathbb{C}[t_1, t_2, \cdots]$ を V と書くことにしよう. 変数 t_j の次数を j とカウントすることにより多項式環 V を次数つき環と考える:

$$V = \bigoplus_{n \geq 0} V_n.$$

ここで $\dim V_n = |P(n)| = p(n)$ であることに注意せよ．また $\lambda \in P(n)$ に対して $S_\lambda(t) \in V_n$ である．V にエルミート内積

$$\langle F, G \rangle := F\left(\frac{\partial}{\partial t_1}, \frac{1}{2}\frac{\partial}{\partial t_2}, \frac{1}{3}\frac{\partial}{\partial t_3}, \cdots \right) \overline{G(t_1, t_2, t_3, \cdots)}\Big|_{t_1 = t_2 = \cdots = 0}$$

を導入する．対称函数の用語では「ホール内積」と呼ばれるものだ．この内積に関してシューア函数は直交する．すなわち

$$\langle S_\lambda, S_\mu \rangle = \delta_{\lambda\mu}$$

が示される．指標 χ_ρ^λ の直交性から導かれるので興味ある読者は証明を試みられたい．これより $\{S_\lambda ; \lambda \in P(n)\}$ がベクトル空間 V_n の正規直交基底をなすことが結論される．分割 λ をヤング図形で表したとき，その「転置」に対応する分割を $^t\lambda$ としよう．たとえば $^t(3,1) = (2,1,1)$ である．対称群の表現としては転置は「符号表現」をテンソルすることに対応する．したがってシューア函数には

$$S_{^t\lambda}(t) = (-1)^{|\lambda|} S_\lambda(-t)$$

と反映される．今は詳しく述べないがシューア函数も一般線型群 $GL(N, \mathbb{C})$ の既約指標である．

被約シューア函数

シューア函数は指標値の母函数であると書いた．では部分的な表 $T_n^{(2)}$ でやるとどうなるか．つまり $\lambda \in P(n)$ に対して

$$S_\lambda^{(2)}(t) = \sum_\rho \chi_\rho^\lambda \frac{t_1^{m_1} t_3^{m_3}\cdots}{m_1! \, m_3! \cdots} \quad (= S_\lambda(t)|_{t_2 = t_4 = \cdots = 0})$$

を考える．ここで右辺の和は奇数だけによる n の分割 $\rho = (1^{m_1} 3^{m_3}\cdots)$ を走るものとする．これを「被約シューア函数 (reduced Schur function)」と名付けよう．上ツキの数 2 は，シューア函数において偶数，すなわち 2 の倍数を「手で 0 にする」ことを意味する．一般に自然数 $r \geqq 2$ に対して「r-被約シューア函数」$S_\lambda^{(r)}(t)$ が定義でき，これから述べる性質が同様に証明できるのであるが，ここでは簡単のため $r = 2$ の場合に限定してお話ししよう．先に述べたように $\{S_\lambda(t) ; \lambda \in P(n)\}$ は $\mathbb{C}$ 上一次独立であったが，被約シューア函数は変数が落ちているため独立にはならない．たとえば $S_\lambda^{(2)}(t) = S_{\lambda'}^{(2)}(t)$ がすぐにわかる．

住んでいる空間は $V^{(2)} = \mathbb{C}[t_1, t_3, \cdots] = \bigoplus_{n \geq 0} V_n^{(2)}$ である. 容易にわかるように $\dim V_n^{(2)} = p^2(n)$, すなわち n の奇数による分割の個数である. 素朴な問題として「$V_n^{(2)}$ の被約シューア函数による基底を記述せよ」というのが考えられる.

ベクトル空間 $V^{(2)}$ は $A_1^{(1)}$ 型のカッツ–ムーディ リー環 $\widehat{\mathfrak{sl}}_2$ の基本表現(basic representation)の空間である. 30 年前, 都立大で助教授(当時はまだこういう名称だった)になりたての頃, この基本表現を詳しく調べていた. すべてのウエイト空間の基底をシューア函数を用いて書きたい, という問題意識であった. いわゆる極大ウエイト, すなわち最高ウエイトのワイル群軌道についてはウエイト空間が 1 次元であり, 階段状のヤング図形 $\Delta_r = (r, r-1, r-2, \cdots, 2, 1)$ のシューア函数で張られていることは知られていた. これはまた KdV 方程式系の「もっとも簡単な解」でもある(『組合プロ』115 ページあたりを参照). シューア函数 $S_{\Delta_r}(t)$ はもともと偶数変数を含んでおらず $S_{\Delta_r}^{(2)}(t)$ に等しく, したがって $V^{(2)}$ に住んでいるわけであるが, ほかの分割に対するシューア函数を $V^{(2)}$ に押し込めるためには変数を手で落とす必要があった. 「こんなことをやっていいのだろうか」という疑念は残ったが, とにかく次数が小さいところでいろいろ試行してみた. 単独の被約シューア函数がウエイト空間に属することがわかって俄然勇気が出た. 一次独立なものを選択する基準として組合せ論が必要になったのである.

芯と実

与えられたヤング図形 λ からドミノ, すなわち 2-フックを次々に取り除いていくと最終的に手詰まりの状態, すなわちある $r \geq 0$ の Δ_r にたどり着く. たとえば $\lambda = (4, 2, 2, 1)$ の場合

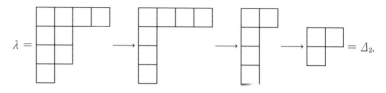

この手詰まり Δ_r を λ の「芯(core)」と呼ぶ. 正確には「2-芯」だ. λ から芯に至るまでにどのようにドミノを取り除くかを示すのが「実」という概念である.

いま $\lambda = (\lambda_1, \lambda_2, \cdots, \lambda_{2m})$ とする．長さ $\ell(\lambda)$ が常に偶数であるとは限らないので $\lambda_{2m} \geqq 0$ とする．つまり分割を偶数次のベクトルとして表示しておく．分割 $\delta_{2m} = (2m-1, 2m-2, \cdots, 2, 1, 0)$ を λ に加える．この操作を業界では「ρ-シフト」と呼んでいる．具体的には $\lambda + \delta_{2m} = (\lambda_1 + 2m - 1, \lambda_2 + 2m - 2, \cdots, \lambda_{2m})$ として，これを以下の図に丸印をつけて表示するのだ．

$$0 \quad 2 \quad 4 \quad 6 \quad 8 \quad 10 \quad 12 \quad \cdots$$
$$1 \quad 3 \quad 5 \quad 7 \quad 9 \quad 11 \quad 13 \quad \cdots$$

それぞれの行を「偶数行」「奇数行」と呼ぶ．横並びを列ではなく行と言ってしまうのが数学屋の性である．「最前列」という日常的な言葉に違和感を覚える．少し大きな例で説明する．$\lambda = (7, 7, 6, 4, 4, 1)$ をやってみよう．$\lambda + \delta_6 = (12, 11, 9, 6, 5, 1)$ なので

$$0 \quad 2 \quad 4 \quad ⑥ \quad 8 \quad 10 \quad ⑫ \quad \cdots$$
$$① \quad 3 \quad ⑤ \quad 7 \quad ⑨ \quad ⑪ \quad 13 \quad \cdots$$

となる．丸印をマス目に置かれた石と想定しよう．ストリクト分割を表すこの絵を「2成分マヤ図形」と呼ぶ．ストリクトというのは，石が重ならないということだ．もとのヤング図形からドミノを取り去ることは，この2成分マヤ図形において石を同じ行の1マス左に移動させることに対応する．どういう場合に横ドミノになるか，あるいは縦ドミノになるかは考えてみられたい．上の例では「マス目12から10へ」（これは縦ドミノ）とか「マス目9から7へ」（これは横ドミノ）など4つある．結局石を13回移動させて手詰まり状態

$$⓪ \quad ② \quad 4 \quad 6 \quad 8 \quad 10 \quad 12 \quad \cdots$$
$$① \quad ③ \quad ⑤ \quad ⑦ \quad 9 \quad 11 \quad 13 \quad \cdots$$

を得る．これがもともとの λ の芯 λ^c に対応する2成分マヤ図形だ．石がある座標 $(7, 5, 3, 2, 1, 0)$ から δ_6 を引き算してヤング図形 $(2, 1, 0, 0, 0, 0) = \Delta_2$ が出てくる．

さて石の総数が偶数個の2成分マヤ図形が与えられたとする．置かれた各石について同じ行の左側にいくつ空き地があるかを勘定してそれを記録する．上の例で説明しよう．偶数行から $\lambda[0] = (5, 3)$，奇数行から $\lambda[1] = (2, 2, 1, 0) = (2, 2, 1)$ という分割が得られる．この分割の組 $(\lambda[0], \lambda[1])$ をヤング図形の「実」と呼ぶのである．正式名称は quotient である．つまり「商」なのだが，芯 (core) に対応してここでは実とした．何かまだるっこしい説明で申し訳ないが，

分割 λ と芯, 実の三つ組 $g(\lambda) = (\lambda^c ; \lambda[0], \lambda[1])$ が 1 対 1 に対応することが理解されると思う. ヤング図形のマス目の個数については $|\lambda| = |\lambda^c| + 2(|\lambda[0]| + |\lambda[1]|)$ である. また $'\lambda$ に対応する三つ組は $g('\lambda) = (\lambda^c ; {}'\lambda[1], {}'\lambda[0])$ である.

　自分で編み出した組合せ論であり, 一人で面白がっていたのだが, たまたま見つけたオルソンの講義録の中でまったく同じものが解説されていた. 対称群のモジュラー表現論で当たり前に使われているモノらしい. 誰でも思いつくことなのだろう. それでも自力でこの概念に到達できたことで少しばかり自信を持てたのも確かである.

ようやく本講の主定理

　先に述べたように被約シューア関数は一次独立ではない. 非自明な一次関係式があるのだ. まず

$$V^{(2)}(r, n) = \sum_{\lambda \in P(|\Delta_r| + 2n) \,:\, \lambda^c = \Delta_r} \mathbb{C}S_\lambda^{(2)}(t),$$
$$V^{(2)}(r) = \bigoplus_{n \geq 0} V^{(2)}(r, n)$$

とする. つまり $V^{(2)}(r, n)$ は, ドミノを n 個取り去ることで芯 Δ_r に至るようなヤング図形に対応する被約シューア関数で張られるベクトル空間である. こんな日本語で説明されても 1 回ではわからないから式を見直して欲しい. リー環論的には $\widehat{\mathfrak{sl}_2}$ の基本表現のウエイト空間である. ここでは証明も説明も与えないが「ワイル-カッツの指標公式」というリー環論の大定理から次が示される.

●定理 6-1 ────────────────────

　　　（1）　$V^{(2)} = \bigoplus_{r \geq 0} V^{(2)}(r)$.
　　　（2）　$\dim V^{(2)}(r, n) = p(n)$.
ここで $p(n)$ は言わずと知れた分割数である.

　表現論的な背景があるので, 芯と実にも意味がつくだろうと判断し次のように考えた. 芯が Δ_r であるような分割 $\lambda \in P(|\Delta_r| + 2n)$ で, $\lambda[0] = \emptyset$ を満たすものの集合を $\Lambda(r, n)$ とおく. つまり

$$\Lambda(r,n) = \{\lambda \; ; \; g(\lambda) = (\Delta_r \; ; \; \emptyset, \lambda[1])\}.$$

また

$$B(r,n) = \{S_\lambda^{(2)}(t) \; ; \; \lambda \in \Lambda(r,n)\}$$

とする. 有木進氏, 中島達洋氏との共同研究で得られた結果は, $B(r,n)$ が $V(r,n)$ の基底になっている, ということだ. したがって $V(r,n)$ に住んでいるほかの被約シューア函数はこの基底の一次結合で書けるわけだが, その展開係数がバッチリ書けるというのが主定理だ. 相模原の喫茶店で中島氏とお喋りしていて思いついた. そのときの状況を今でも鮮明に覚えている. 式は次の通り.

$$S_\lambda^{(2)}(t) = \sum_{\mu \in \Lambda(r,n)} \pm LR^\mu_{\lambda[0],\lambda[1]} S_\mu^{(2)}(t).$$

ここで LR は「リトルウッド‐リチャードソン係数(Littlewood-Richardson coefficient)」と呼ばれる非負整数である. 『組合プロ』でもさんざん登場したので, というのは理由にならないが, 詳細は省略し次講に廻したい. また右辺の符号はバッチリ決まるのだがいささか面倒なのでここでは曖昧にしておく. きちんとした議論は有木氏, 中島氏との共著論文[20]を参照されたい. 証明なしの短いアナウンスが[21]に載っている. 中島氏はこの内容を敷衍した学位論文を書いた. 1996 年, 私が都立大から北大に異動した年である.

対称群の分解行列

LR係数

第6講はやや中途半端なところで終わってしまった．何せ年寄りなので息切れしたのだ．最後にお見せした被約シューア函数の一次関係式は次のものであった．

$$S_\lambda^{(2)}(t) = \sum_{\mu \in \Lambda(r,n)} \pm LR_{t_\lambda[0],\lambda[1]}^\mu S_\mu^{(2)}(t).$$

記号のおさらいをしておこう．右辺の和の範囲 $\Lambda(r,n)$ は，芯が Δ_r であるような分割 $\mu \in P(|\Delta_r|+2n)$ であり，$\mu[0] = \emptyset$ を満たすものの集合であった．また LR はいわゆるリトルウッド-リチャードソン係数である．ここできちんと定義を与えておこう．第6講で書いたようにシューア函数全体は

$$V = \mathbb{C}[t_1, t_2, t_3, \cdots]$$

の正規直交基底をなしている．したがって二つのシューア函数の積はシューア函数の線形結合として書ける．その係数を LR というのである．つまり，

$$S_\lambda(t)S_\mu(t) = \sum_\nu LR_{\lambda\mu}^\nu S_\nu(t)$$

により定義される数である．シューア函数が一般線型群の有限次元既約表現，すなわちワイル加群 W_λ の指標(を固有値の函数と思ったもの)であることを認めれば，指標の積は表現のテンソル積に対応するので，LR はテンソル積の分岐則であることがわかる．つまり，

$$W_\lambda \otimes W_\mu = \bigoplus_\nu LR_{\lambda\mu}^\nu W_\nu$$

なのだ．だから既約表現の登場回数である $LR_{\lambda\mu}^\nu$ は非負整数となる．なぜテンソル積の分岐則に大層な名前がついているのか，実は D.E.リトルウッドと A.R.リチャードソンが 1934 年の共著論文でその計算アルゴリズムを発表しているのだ．したがって本来ならばリトルウッド-リチャードソン則と呼ぶべきか

も知れない．I.G. マクドナルドの "The Book" にはこの呼称が使われている．
マクドナルド曰く「*LR* の論文には証明は与えられていない．証明はその後ロ
ビンソン（1948）により出版されてリトルウッドの本（1950）に再掲されているが，
それは不完全である．完全な証明は M.P. シュッツェンベルジェ（1978）と G.P.
トーマス（1974）によって与えられた」．マクドナルドの The Book とは "Sym-
metric Functions and Hall Polynomials" のことである．その第 1 版の出版は
1979 年である．だから上記「完全な証明」は「ようやく最近になって」と書か
れている．この本，第 2 版（1996）は新たにマクドナルド多項式の章が加わり厚
さも倍以上になった．今となっては第 1 版を参照する人は少ないかも知れない
が，こちらの方がお手軽である．さらに shifted diagram の図が第 2 版では削
除されてしまっているのが個人的には不満である．

　さて肝心の *LR* ルールであるが，『組合プロ』（136 ページあたり）に詳しく書
かれているのでここでは省略してしまう．知らなくてもこれからの議論には影
響はないと思う．つい最近，昔の弟子の青影一哉から頂点作用素を用いる *LR*
の計算法を教えてもらった．計算アルゴリズムと呼ぶにはいささか煩雑なもの
であるが，それなりに面白いアプローチだ．

　被約シューア函数の関係式の例を挙げる．まずは分割 λ に対応する三つ組
$g(\lambda) = (\lambda^c ; \lambda[0], \lambda[1])$ を例示しておこう．$g(2,2,1,1) = (\emptyset ; (1,1), (1))$，
$g(3,3) = (\emptyset ; (2), (1))$ である．また
$$\Lambda(0,3) = \{(6), (4,1,1), (2,1,1,1,1)\}$$
に注意されたい．実際
$$g(6) = (\emptyset ; \emptyset, (3)), \qquad g(4,1,1) = (\emptyset ; \emptyset, (2,1)),$$
$$g(2,1,1,1,1) = (\emptyset ; \emptyset, (1,1,1))$$
である．*LR* 係数と符号は計算したものとすれば結局
$$S^{(2)}_{(2211)}(t) = -S^{(2)}_{(6)}(t) + S^{(2)}_{(411)}(t),$$
$$S^{(2)}_{(33)}(t) = S^{(2)}_{(411)}(t) - S^{(2)}_{(21111)}(t)$$
のように基底で表示されるよ，というのが公式の主張である．シューア函数は
対称群の既約指標 χ^λ_ρ の「母函数」であると第 6 講で述べた．したがって被約シ
ューア函数の一次関係式はとりもなおさず $T^{(2)}_n$ の行の一次関係式である．こ
こでは例として $T^{(2)}_6$ を載せておく（次ページの表 7-1）．

　この表において

- $(2, 2, 1, 1)$ の行ベクトル
  $= -(6)$ の行ベクトル $+(4, 1, 1)$ の行ベクトル
- $(3, 3)$ の行ベクトル
  $= (4, 1, 1)$ の行ベクトル $-(2, 1, 1, 1, 1)$ の行ベクトル

を確認してほしい.

分解行列

表現論の解説を最小限にとどめながら「分解行列」の話を試みる. 対称群の表現というのは S_n から一般線型群 $GL(N, \mathbb{C})$ への準同型のことであった. つまり個々の置換に対して行列を対応させるのであった. うまく基底を選べばその行列の成分をすべて整数にとることが可能である. たとえば S_4 の生成元, すなわち隣接互換

$$s_1 = (1, 2), \qquad s_2 = (2, 3), \qquad s_3 = (3, 4)$$

に対して次のように3次正則行列を対応させれば既約表現が出来上がる.

$$\lambda(s_1) = \begin{bmatrix} -1 & -1 & -1 \\ 0 & 1 & 0 \\ 0 & 0 & 1 \end{bmatrix},$$

$$\lambda(s_2) = \begin{bmatrix} 0 & 1 & 0 \\ 1 & 0 & 0 \\ 0 & 0 & 1 \end{bmatrix},$$

$$\lambda(s_3) = \begin{bmatrix} 1 & 0 & 0 \\ 0 & 0 & 1 \\ 0 & 1 & 0 \end{bmatrix}.$$

$V = \mathbb{C}(x_1 - x_2) \oplus \mathbb{C}(x_1 - x_3) \oplus \mathbb{C}(x_1 - x_4)$ とする. 4変数多項式環 $\mathbb{C}[x_1, x_2, x_3,$

$$T_6^{(2)} =$$

	$g(\lambda)$	(1^6)	$(1^3 3)$	(15)	(3^2)
(6)	$(\emptyset ; \emptyset, (3))$	1	1	1	1
(51)	$(\emptyset ; (3), \emptyset)$	5	2	0	-1
(42)	$(\emptyset ; (1), (2))$	9	0	-1	0
(411)	$(\emptyset ; \emptyset, (21))$	10	1	0	1
(3^2)	$(\emptyset ; (2), (1))$	5	-1	0	2
(321)	$((321) ; \emptyset, \emptyset)$	16	-2	1	-2
(2^3)	$(\emptyset ; (1), (1^2))$	5	-1	0	2
(31^3)	$(\emptyset ; (21), \emptyset)$	10	1	0	1
$(2^2 1^2)$	$(\emptyset ; (1^2), (1))$	9	0	-1	0
(21^4)	$(\emptyset ; \emptyset, (1^3))$	5	2	0	-1
(1^6)	$(\emptyset ; (1^3), \emptyset)$	1	1	1	1

表 7-1

$x_4]$ に $\sigma(x_i) = x_{\sigma(i)}$ $(\sigma \in S_4)$ のように作用を与えたとき，3次元部分空間 V は S_4 で不変である．上の行列は V 上の線型変換の表示であり，$\lambda = (3,1)$ という分割に対応する既約表現である．表現空間 V は「シュペヒト加群」と呼ばれて $S^{(31)}$ で表される．トレースを見て $\chi^{(31)}_{(1^2 2)} = 1$ を確認しておこう．いま V は複素数体 $\mathbb{C}$ 上のベクトル空間であるが係数を $F_2 = \{0,1\}$ に「落とす」ことを考える．この操作を「還元（reduction）」という．そうすると符号の区別もなくなるので，たとえば V の F_2 上の基底は $\{x_1+x_2+x_3+x_4, x_1+x_3, x_1+x_4\}$ などと書ける．$x_1+x_2+x_3+x_4$ は明らかに S_4 の作用で不変なので1次元の「恒等表現」を許容する．これを $L^{(4)}$ と書く．$V = S^{(31)}$ の1次元部分表現である．複素数体 $\mathbb{C}$ 上では V は既約表現（の空間）だったのに還元したら可約になってしまった．

　正標数の体の上での表現論はモジュラー表現論と呼ばれる．一般に完全可約性が崩れて厄介になる．対称群の場合ですら，まだ完璧に理解されているとは言い難い．V の中で部分表現 $L^{(4)}$ の相方がいつもいるとは限らないので商表現を考えざるを得ない．$L^{(31)} = S^{(31)}/L^{(4)}$ とするとこれも既約表現である．一般にはいわゆる「組成列」を考えるのである．今の例では還元した $S^{(31)}$ の組成列の中に既約表現 $L^{(4)}$ が一つ，$L^{(31)}$ が一つ入っている．これを $d^{(31)}_{(4)} = d^{(31)}_{(31)} = 1$ と表そう．F_2 上の既約表現のラベル付けはもっとずっと難しい議論をしなければならないのでここでは詳しい説明をあきらめる．結果は以下の通りである．"対称群 S_n の F_2 上の既約表現は n の正則分割 $P_2(n)$ でラベル付けられる"．どうも自分自身の理解が不十分なので，わかりやすく嚙み砕いた説明ができない．もどかしいのである．満足できない読者はちゃんとした本を読むなり，ちゃんとした人に聞くなりしてほしい．とにかく F_2 上のシュペヒト加群 S^λ（$\lambda \in P(n)$）の組成列中に既約加群 L^μ（$\mu \in P_2(n)$）がいくつ入っているかを表す「分解定数」d^λ_μ が大切なのだ．完全可約ではないので「既約分解」という語は相応しくないが，広い意味での「重複度」のことだ．分解定数を表にしたもの $D_n = (d^\lambda_\mu)_{\lambda \in P(n), \mu \in P_2(n)}$ を「分解行列」と呼ぶ．一般に縦長の行列である．対称群の表現論では必ず引き合いに出されるモノグラフ，G. ジェームズと A. カーバーの "The Representation Theory of the Symmetric Group"（Cambridge 1985，初版は Addison-Wesley 1981）[22] には F_2 上の分解行列が $n = 13$ まで載っている．ここでは D_4 と D_6 を見てみよう（次ページの表 7-2）．D_6 の行ベクトルに注目して次が確かめられる．

- $(2, 2, 1, 1)$ の行ベクトル
  $= -(6)$ の行ベクトル $+(4, 1, 1)$ の行ベクトル
- $(3, 3)$ の行ベクトル
  $= (4, 1, 1)$ の行ベクトル $-(2, 1, 1, 1, 1)$ の行ベクトル

これは $T_6^{(2)}$ の行ベクトルの関係式とまったく同じである. F_2 上の(モジュラー)既約表現に対しても指標が考えられる. ただし表現行列のトレースそのものではなく, 若干の作業を行って複素数値の指標を考えるのだ. それを「ブラウアー指標(Brauer character)」と呼ぶ. ジェームズ–カーバーのモノグラフには S_n の F_2 上の既約ブラウアー指標表 Φ_n が $n = 10$ まで載っている. ただし $n = 10$ の表には少なくない間違いがあるので注意が必要だ. 定義を与えていないので説得力に欠けるが分解行列という言葉から $T_n^{(2)} = D_n \Phi_n$ が期待されるし, 実際に成立する. 正方行列 Φ_n は正則である. つまり分解行列 D_n に列基本変形を施して指標表 $T_n^{(2)}$ が出来上がるのだ. だから $T_n^{(2)}$ の行間の一次関係式は D_n のそれと一致する.

またしても言い訳になるが, 有限群のモジュラー表現論は難しいものだと思う. 本節は高校生や大学初年級の読者にはチンプンカンプンだったかも知れない. わからなくても一向に構わない. 対称群みたいな易しそうな群でも深遠な表現論, 組合せ論が展開されるのだということが朧げにでも感じられたらそれでよい. 有木進さん, 中島達洋さんとこのような仕事をしていた頃は有木さんや宇野勝博さんからずいぶん手取り足取り教えてもらった. ある程度理解したつもりだったが, いま原稿を準備していて, 結局ちゃんとはわかっていなかったんだな, ということを実感した. 勉強不足を痛感するばかりだ.

$D_4 =$

	(4)	(31)
(4)	1	
(31)	1	1
(2²)		1
(21²)	1	1
(1⁴)	1	

$D_6 =$

	(6)	(51)	(42)	(321)
(6)	1			
(51)	1	1		
(42)	1	1	1	
(41²)	2	1	1	
(3²)	1		1	
(321)				1
(2³)	1	1		
(31³)	2	1	1	
(2²1²)	1	1	1	
(21⁴)	1	1		
(1⁶)	1			

表 7-2

カルタン行列

対称群 S_n の F_2 上の分解行列を D_n とする．表題のカルタン行列とは $C_n = {}^t D_n D_n$ という対称行列のことだ．たとえば $n = 4$ と 6 のカルタン行列は

$$C_4 = \begin{bmatrix} 4 & 2 \\ 2 & 3 \end{bmatrix}, \qquad C_6 = \begin{bmatrix} 16 & 8 & 8 & 0 \\ 8 & 6 & 4 & 0 \\ 8 & 4 & 6 & 0 \\ 0 & 0 & 0 & 1 \end{bmatrix}.$$

病膏肓に入る．整数行列を見れば単因子を計算したくなるのだ．やってみてほしい．答えは $n = 4$ が $\{1, 8\}$，$n = 6$ が $\{1, 2, 2, 16\}$ である．すべて 2 の冪だ．これはモジュラー表現論の一般的な事実である．つまり一般の有限群の標数 p のモジュラー表現でカルタン行列が定義される．もちろん整数行列である．その単因子はすべて p の冪になっているということだ．この単因子が表現論的にどれほどの意味を持つのか私は知らないが，どうやら「不足数（defect）」というものを記述しているらしい．興味のある読者は永尾汎氏と津島行男氏の『有限群の表現論』（裳華房）[23] に目を通してほしい．ただこの本は具体例が一つも挙げられていないので，読み方に工夫が必要だろうと感じている．感じているだけで私は実際には関係がありそうな箇所をパラパラ眺めるだけでちゃんとは読んでいない．もう一つ有限群の表現論を扱った日本語の本として J. P. セールの『有限群の線型表現』（岩堀長慶，横沼健雄訳，岩波書店）[24] が挙げられる．第 I 部は簡単な表現論入門で誰にでも薦められる．さすがセール，高貴な香りが漂う．第 III 部がモジュラー表現論であり状況が一変する．難しいのである．訳者（多分岩堀先生）があとがきに書いている．"東大の修士課程 1 年生に読ませたところ，第 III 部の 43 ページに一学期間かかってしまった"．このときの「被害に遭った」学生は誰だったのだろう．この本，私は学部 4 年生のときに吉祥寺の古本屋で手に入れた．以来，常に手元に置いているが決して読めているわけではない．憧れているだけである．

さて対称群の F_2 上のカルタン行列に戻ろう．2005 年のある日の夜中，唐突に C_n の単因子を与える簡単な式を思いついた．第 4 講に登場したグレイシャー対応を用いるものである．ちょっと復習しよう．自然数 n の 2 正則な分割全体の集合 $P_2(n)$ から 2 類正則なもの全体 $P^2(n)$ への全単射

$$\gamma\colon P_2(n) \longrightarrow P^2(n)$$

を次のように定義する. $\lambda \in P_2(n)$ の偶数成分 $2m$ を (m, m) に置き換える. ヤング図形で見れば「パイこね」をやっていることになる. すべての偶数成分にこの操作を行う. 出来上がりの分割にまだ偶数成分があればまた半分にして並べる. この操作を繰り返せばいつかは成分がすべて奇数になる. つまり n の 2 類正則分割 $\gamma(\lambda)$ が出来上がる. 申し訳ないが第 4 講の γ^{-1} をここでは γ としている. 全単射の向きが逆になっているので注意されたい. $n = 6$ で実際にやってみると $\gamma(6) = (3, 3)$, $\gamma(5, 1) = (5, 1)$, $\gamma(4, 2) = (1, 1, 1, 1, 1, 1)$, $\gamma(3, 2, 1)$ $= (3, 1, 1, 1)$ となる. パイこねを 1 回やれば分割の長さが 1 だけ増える. したがって長さの差 $\ell(\gamma(\lambda)) - \ell(\lambda)$ はパイこねの回数を表している. これがカルタン行列の単因子の冪に一致するのだ. つまりたとえば C_6 の単因子は $\{2^0, 2^1, 2^1, 2^4\}$ である. 寝る前の習慣で文庫本のミステリーか何かを読んでいる最中に突然ひらめいたのだった. 気になるのですぐに机に向かって C_{10} ぐらいまで単因子を計算し, 上の公式が正しいことを確信した. 翌日, 宇野さんに電話したところ大変驚かれたのを覚えている. とはいえモジュラー表現論をよくご存知の宇野さんにとっては簡単な練習問題だったようで, 短時間であっさり証明してくれた.

　第 7 講では全然触れなかったがモジュラー表現には「ブロック（block）」という概念がある. カルタン行列 C_6 は 4 次の対称行列であるが, 3 次のものと 1 次のものの対角ブロックの直和になっている. それぞれをブロックと呼ぶのであるが詳しい説明は省く. 単因子はブロックごとに決まるので「ブロック単因子」という語が意味を持つ. これに関しても宇野さんとのお喋りの中で面白い結果が得られた. 共著論文は日本数学会の紀要 [25] に掲載された. 2005 年のことである. 今読み直して, アブストラクトの冒頭に "easy description" と書かれているのを見つけた. Easy とはあまりよい言葉ではないなと反省する次第だ. この仕事, 対称群のモジュラー表現論にどのくらい寄与するか, ははなはだ心もとないが自分では気に入っている.

リー環とリー環もどき

まずは言い訳から

ここ数講は私自身の昔のあるいは最近の仕事の紹介ばかりであまり読者のことを考えていなかった. 自分の論文の和訳のような内容ばかりであったことをまずはお詫びする. 「高校生にも読めるし専門家も楽しめる」というモットーで始めた本ではあるが, どうやら専門家の方ばかりを向いていた感がある. 大学から離れて, 手軽に図書室を利用できなくなり, そもそも年とともにアイデアも枯渇してきて, 新しいことを考えられなくなってきているのだ. いろいろ調べなくても記憶だけで書けるような話題を続けてきたが, とうとうそれも底をついた(ウソ! 本当はまだまだありますよ!). いずれにしてもそろそろ軌道修正して, 一般的に興味を持ってもらえるような話を書いてみたい.

リー環

そこで「リー環」である. 英語では Lie algebra である. だから「リー代数」という呼び名を好む人もいる. 実際にはいわゆる「環」ではない. 一方で「リー環論」という言葉はあっても「リー代数論」というのは聞いたことがない. まあ呼び名にこだわる必要はないのだろう. もともとの出発点は, リー群上の左不変ベクトル場のなす代数系である. リー群 G とは「群であって多様体であって演算が解析的で…」といった非常に都合の良い幾何学的対象である. その上で解析学を行うべき場所, という意味を込めて「幾何学的」と言った. G 上の左不変ベクトル場 X に対して, 単位元 e での値 $X(e)$ を対応させることにより単位元の接空間 T_eG の元と思うことができる. つまり左不変ベクトル場の全体と T_eG が同一視される. ベクトル場というのは1階の微分作用素であり2つを合成すると2階になってしまう. しかしベクトル場 X, Y の括弧積 $[X, Y]$

$= XY-YX$ をとれば再びベクトル場になる．この代数的な構造に着目するのだ．リー群を離れて代数的対象としてのリー環は以下のように定義される：複素ベクトル空間 L がリー環であるとは双線型な積 $L \times L \ni (x,y) \mapsto [x,y] \in L$ が与えられていて次の条件を満たすことである：任意の $x,y,z \in L$ に対して

（１）　$[x,y] = -[y,x]$,
（２）　$[x,[y,z]] = [[x,y],z]+[y,[x,z]]$.

　（1）の性質を交代性，（2）の式をヤコビ恒等式と呼ぶ．今はそんなことはないと思うが以前は物理学者が講演の中でよく「双線型な積 $L \otimes L \to L$ があって」などと言っていた．「テンソル積っていうのはなあ」と教えてあげたくなる．そもそも彼らはリー環を含めた代数的な議論のことをすべて「群論」と称す．また一般的に関係式のことを「代数」と呼ぶ．「この演算子たちはこういう代数を満たす」などと使いこなせれば物理学者になった気分だ．

　リー環の例を今は一つだけ挙げておこう．n 次（複素）正方行列で，そのトレース，すなわち対角成分の和がゼロであるもの全体は n^2-1 次元のベクトル空間である．そこに $[X,Y] = XY-YX$ により括弧積を導入すればこれはリー環になる．このリー環を $\mathfrak{sl}(n)$ と表す．分類上の名前は A_{n-1} 型である．トレースがゼロという条件なしの，正方行列全体のなすリー環を $\mathfrak{gl}(n)$ と書く．したがって $\mathfrak{sl}(n)$ は $\mathfrak{gl}(n)$ の部分リー環（Lie subalgebra）である．

　リー群という曲がった空間のベクトル場などと言うと準備がいろいろあって面倒なモノという印象は免れないが，リー環とは所詮，こんなベクトル空間なのだ．つまりは線型代数の守備範囲だ．だからリー群論を通らずにいきなりリー環論が展開できる．「しかし」と年寄りはコメントしたくなる．リー環はあくまでもリー群あってのものなのだよ．だからリー環は群 G のドイツ小文字を用いて $\mathfrak{g}$ と書きたい．昔は，というのは私が駆け出しの頃は，講演などで「ゲー」と読まれていた．「ペー」だの「クー」だの可愛らしい術語が飛び交っていたものだ．懐かしいな．単純リー環（あるいは半単純リー環）における基本的道具はルート系である．それを図示するディンキン図形というグラフ（最近ではクイバーと呼ぶのだろうが）が組合せ論的にも面白いものなのだ．

　2021 年度の後期，つまり大学教授生活最後の半年間，大学院でリー環論を講

義する機会に恵まれた．一応リー環には永年関わってきたので話す題材の候補
はいろいろあった．有限次元単純リー環の分類，ルート系の話，普遍包絡環，
カッツ-ムーディリー環の表現論，ヴィラソロ代数の表現論，さらには量子化な
どなど．リー群の知識なしでできるものばかりだがすべてをカバーする時間は
絶対にない．10年ほど前に購入した K. エルトマン，M. J. ウィルドン "Intro-
duction to Lie Algebras"（Springer）[26] という本がある．これを最初から勉強
しつつできるところまで順に話していこう，と決めた．ルート系ぐらいまでは
進めるかなと甘く考えていたが，丁寧に話していたら結局，キリング形式と半
単純性の関係までしかできなかった．「本当に面白いのはここからだよ」とは
言ったけれど，実はごく始めの方に出てくるリーの定理，エンゲルの定理など
の証明は自分でも面白かった．若い頃，松島与三氏の教科書『リー環論』（共立
出版）[27] で勉強したはずだが，改めて証明を読んでみて新鮮な感動を得た．
これらの定理は言ってみれば行列のジョルダン標準形の話，つまりちょっと進
んだ線型代数なのだ．著者のカリン・エルトマンは群論，環論の専門家である．
ずっと以前，私のシューア函数の話に興味を持ってくれたことがあり，それ以
来の友人だ．ドイツ，オーベルヴォルファッハでの研究会の折，個人的に4時
間セミナーに付き合ってもらったこともある．女性であるという意識がことさ
ら高いという印象はないのだが，この本には，「$[X, Y] = XY - YX$ なる括弧
積がヤコビ恒等式を満たす」という練習問題について This exercise is famous
as one that every mathematician should do at least once in her life という記述が
ある．

カッツ-ムーディ リー環

　単純リー環のディンキン図形に一つだけ頂点と関連する辺を付け加えてでき
る「アフィンルート系」（のディンキン図形）というものがある．たとえば岩波
数学辞典の付録に絵が載っている．このアフィンルート系だけでも十分遊べる
のであるが，対応するリー環を考えた人がいる．ロシアの V. G. カッツとカナ
ダの R. ムーディだ．1960年代後半のことと思われる．定義は代数らしく「生
成元と関係式」という形でなされるのだが，実際上は有限次元のリー環，たと
えば $\mathfrak{g} = \mathfrak{sl}(n)$ にローラン多項式環をテンソルするという実現を用いることが

多い．つまり

$$\widehat{\mathfrak{sl}}(n) = \mathfrak{sl}(n) \otimes \mathbb{C}[t, t^{-1}] \oplus \mathbb{C}z$$

というものだ．括弧積は次のように入れる：$X, Y \in \mathfrak{sl}(n)$ に対して

$$[X \otimes t^m, Y \otimes t^n] = [X, Y] \otimes t^{m+n} + m\, \mathrm{tr}(XY)\delta_{m+n,0}z.$$

また z は中心元である．つまり z との括弧積はすべてゼロと定義するのである．中心のないものは「ループ代数」と呼ばれるもので，円周上の $\mathfrak{g}$ 値多項式関数全体のなすリー環と考えられる．逆に言えばカッツ－ムーディ リー環はループ代数の 1 次元中心拡大なのだ．この中心のお陰で構造論，表現論が非常に豊富になる．以下にその理由の一つを述べよう．

単純リー環で一番小さいもの $\mathfrak{g} = \mathfrak{sl}(2)$ を例にとる．

$$H = \begin{bmatrix} 1 & 0 \\ 0 & -1 \end{bmatrix}$$

で張られる 1 次元の部分空間 $\mathfrak{h}$ はそれ自身 $\mathfrak{g}$ の部分リー環になっている．$[\mathfrak{h}, \mathfrak{h}] = \{0\}$ である．こういうのを可換な部分リー環という．リー環の 1 次元部分空間は常に可換部分リー環である．特に $\mathfrak{h}$ は $\mathfrak{g}$ の「カルタン部分環」と呼ばれる．$\widehat{\mathfrak{sl}}(2)$ の部分空間

$$\widehat{\mathfrak{h}} = \mathfrak{h} \otimes \mathbb{C}[t, t^{-1}] \oplus \mathbb{C}z$$

は部分リー環になる．括弧積が

$$[H \otimes t^m, H \otimes t^n] = 2m\delta_{m+n,0}z$$

となることは容易に見て取れるだろう．この括弧積に見覚えがあるだろう．第 3 講「ヤング束の話」に出てきているのである．そこではヤング束上の線型作用素 d, u が交換関係 $[d, u] = 1$ を満たすという主張がなされている．本講の上の式はそういう d, u というペアが可算個あるのだ，という意味になる．もう少し詳しく述べよう．

可算個の変数 x_m $(m \geq 1)$ の多項式環 $V = \mathbb{C}[x_m ; m \geq 1]$ を考える．「無限変数多項式環」と呼ばれるが個々の多項式に関わる変数はもちろん有限個である．次のように V 上の線型作用素（微分作用素）を対応させよう．$m \geq 1$ に対して

$$H \otimes t^m \mapsto \sqrt{2}\frac{\partial}{\partial x_m}, \qquad H \otimes t^{-m} \mapsto \sqrt{2}\, m x_m,$$

$$H \otimes t^0 \mapsto 0, \qquad z \mapsto 1$$

ここで1はもちろん恒等作用素，x_m はこの変数を「掛ける」という「掛け算作用素」だ．これも微分作用素の一つと見なしている．$\hat{\mathfrak{h}}$ の交換関係と，これらの微分作用素の交換関係は同じである．つまり上の対応はリー環 $\hat{\mathfrak{h}}$ の V 上の「表現」を与えているのだ．第3講でも述べたようにこういう交換関係をハイゼンベルク代数と呼ぶ．正確に言えばカッツ−ムーディ リー環 $\widehat{\mathfrak{sl}}(2)$ は無限次元ハイゼンベルク代数 $\hat{\mathfrak{h}}$ を部分リー環として内包している．これはループ代数を中心拡大したお陰なのだ．表現というのは要するに $\hat{\mathfrak{h}}$ が V に線型に作用しているという意味だ．この作用は「既約」である．つまりゼロでない多項式を2つとると一方から他方へ $\hat{\mathfrak{h}}$ の作用を繰り返すことにより移れるのだ．この $\hat{\mathfrak{h}}$ の既約表現を基にして全体のリー環 $\hat{\mathfrak{g}}$ の既約表現を $V \otimes \mathbb{C}[T, T^{-1}]$ という V のコピーを可算個集めた空間の上に構成できる．そしてその作用の記述に登場するのが頂点作用素（vertex operator）というヤツだ．弦理論で使われていた頂点作用素がこの文脈で出てくるのは意外なことであった．J. レポウスキー達による発見だ．

　頂点作用素については私はこれ以上語るべきものを持っていないが，とにかく徹底的に調べ上げられ，「頂点作用素代数（vertex operator algebra）」という新しい代数系をもたらした．モジュラー函数や散在型単純群モンスターとの関連も明らかにされている．

　話を戻そう．カッツ−ムーディ リー環，より正確にはアフィンリー環はアフィンルート系を基に構成されているのでリー環の基本的な道具が揃っている．特にワイル群と呼ばれる群が定義される．大切なことはルート系が無限集合，ワイル群が無限群，ということである．一見扱いづらいものなのだ．有限次元の半単純リー環論において「ワイルの分母公式」と呼ばれる等式がある．大雑把に言って「ルートに関する積」＝「ワイル群上の和」という式だ．実際に $\mathfrak{sl}(n)$ の場合に書いてみると，1年生の線型代数で習う「差積」＝「ヴァンデルモンド行列式」になる．ほら，リー環論は線型代数でしょ．カッツ−ムーディ リー環でもワイルの分母公式を書いてやるともちろん「無限積」＝「無限和」という形になるのだが，驚くなかれ「ヤコビの三重積公式」が出てくる．テータ函数における最重要の公式である．リー環と関係があるなんてことはほとんどの人が想像もできなかったに違いない．（「驚くなかれ」というのはもちろん「驚いて欲しい」という意味である．）こんなことも契機となってカッツとム

ーディによるこの無限次元リー環は 70 年代，80 年代に爆発的に流行した．

　私は広島大学の博士課程の学生であった．80 年頃（多分 81 年？）指導していただいていた脇本實助教授が 1 年間の予定で MIT に出掛けた．当時脇本氏はリー群がらみの幾何学を研究されており，MIT ではヘルガソンとかギルマンなどの方々との共同研究を期待されていたのだと思う．ところが V. G. カッツの無限次元リー環論の講義がすこぶる面白い．ただ着いてすぐの頃は時間割表の曜日表記 TR がわからなかったと聞いたことがある．ロシア人のカッツはまだ英語で講義することが苦手で，講義の準備を英語でメモしていた．希望する受講者にはコピーを配っていたそうだ．このノートが後に "Infinite Dimensional Lie Algebras"（初版は Birkhäuser 1983 年）[28] という有名な教科書に結実するのだ．脇本先生はこの手書きの講義ノートを日本に持ち帰り，ご自身の復習がてら我々大学院生にこの内容を教えてくれた．つまり私は日本人としてはかなり早い段階でカッツ–ムーディ リー環の本格的な話を聴いているのだ．脇本氏は自身の著者『無限次元リー環』（岩波書店）[29] の中でこう述べている．「（カッツの本の）初版の原稿を夢中で読んだ．（中略）この本の中で展開していく美しい景色のかずかずに心の底から感動した．この本の続きをやりたいと思った．それだけ強い感銘を受けた本であった．」　数学の研究において「感動する」ことは大きな進展につながる．脇本理論「指標のモジュラー不変性」のその後の深化については皆の知るところだ．私の場合はいろいろな場面で感動することはあってもそれだけである．でも数学で感動できる幸せは十分に享受した．だからせめてその一端でもこの本でお伝えできればと考えている．

スーパーリー環

　ここからはリー環もどきの話である．リー環の括弧積 $[x, y]$ は，もとはと言えば x と y が「どのくらい可換でないか」を表す量であった．つまり可換性を基本とする世界の話である．乱暴すぎるかも知れないがこういうのを物理ではボーズ粒子（ボゾン）の世界と言うのだろう．これに対して「反可換な世界」，すなわちフェルミ粒子（フェルミオン）の世界というのもあり得る．1960 年代だと思うが物理学で「ボゾンとフェルミオンを一緒に区別なく扱おうや」という理論が提唱された．「超対称性（supersymmetry）」と呼ばれる．私は物理につ

いては言葉を知っているだけで内容は全然詳しくない．だから大きな勘違いをしている可能性がある．ご指摘いただきたい．関係する代数系として「スーパーリー環」というものが考案された．英語では Lie superalgebra だ．せっかくなので定義を書いておこう．ベクトル空間 $L = L_0 \oplus L_1$ がスーパーリー環であるとは双線型な積 $[\cdot, \cdot]: L \times L \to L$ が与えられていて，次の条件を満たすことである．

(1)　$[L_i, L_j] \subset L_{i+j}$,
(2)　$[x, y] = -(-1)^{ij}[y, x]$,
(3)　$[x, [y, z]] = [[x, y], z] + (-1)^{ij}[y, [x, z]]$.

ただしここで $i, j \in \mathbb{Z}/2\mathbb{Z} = \{0, 1\}$ であり，$x \in L_i$, $y \in L_j$ とした．直和の成分 L_0 を偶部分，L_1 を奇部分と呼ぶ．L_0 はそれ自身，普通のリー環である．偶部分はボゾンの世界，奇部分はフェルミオンの世界に対応していると考えればよい．

　スーパーリー環の例を挙げよう．自然数 m, n を固定して，$m \times n$ 複素行列の全体を $M_{m,n}$ で表す．

$$L_0 = \left\{ \begin{bmatrix} A & O \\ O & D \end{bmatrix} ; A \in M_{m,m}, \ D \in M_{n,n} \right\},$$

$$L_1 = \left\{ \begin{bmatrix} O & B \\ C & O \end{bmatrix} ; B \in M_{m,n}, \ C \in M_{n,m} \right\}$$

とする．括弧積を $X \in L_i$, $Y \in L_j$ に対して

$$[X, Y] = XY - (-1)^{ij}YX$$

と定義してやれば $L = L_0 \oplus L_1$ はスーパーリー環である．ベクトル空間としては $L = M_{m+n,m+n}$ であるが，括弧積の入れ方がスーパー的なのだ．これを $\mathfrak{gl}(m|n)$ と書く．普通のリー環のときにはトレースがゼロの行列全体は $\mathfrak{gl}(n)$ の部分リー環 $\mathfrak{sl}(n)$ をなした．スーパーの場合にはトレースではなくて「スーパートレース」

$$\mathrm{str} \begin{bmatrix} A & B \\ C & D \end{bmatrix} = \mathrm{tr}\, A - \mathrm{tr}\, D$$

がゼロという条件を課すことによってスーパーリー部分環 $\mathfrak{sl}(m|n)$ が得られる．Lie subsuperalgebra，上(super)だか下(sub)だかどっちだ？と笑わせる

のが数学教師の務めである.

　もう一つ誰でも思いつくスーパーリー環として

$$q(n) = \left\{ \begin{bmatrix} A & B \\ B & A \end{bmatrix} ; A \in M_{n,n}, \ B \in M_{n,n} \right\}$$

というのがある. 対角ブロック, つまり A のところが偶部分, B のところが奇部分である. 一見, $\mathfrak{sl}(m|n)$ よりも構造が簡単そうなのだが, どうしてどうしてこれがなかなかの強者なのだ. 記号の q は queer の頭文字である.

　リー環の「一般化」としてスーパーリー環が定義されたわけである. そもそもは物理で必要になる代数系であったのだが, 数学者は物理からの要請などお構いなしに, この新しいおもちゃに飛びついた. リー環論やその応用をすべてスーパー化したくなるのである. たとえばカッツ–ムーディ リー環は可積分系, 特に KdV 方程式系や戸田格子などで解の無限小変換群として登場するのであるが, この理論をスーパー化, すなわちスーパーリー環をもとに構成しようという試みはずいぶん流行ったように思う. 他人事のように書いているが, 実は私の学位論文はスーパー KP 方程式系に関するものだ. 若気の至り. まだまだ自分の数学が確立していなかった.

　冒頭, リー環はリー群あってのものだ, と書いた. スーパーリー環には対応する幾何学的対象, すなわちスーパーリー群があって欲しい. そのためには「群構造」以前に「スーパー多様体」が必要になる. 奇部分を点集合として実現するのは現実的ではないだろう. コスタント(B. Kostant)が 1977 年にスーパーリー群の基礎付けに関する論文を書いている. 点集合としてではなく, その上の函数環(ホップ代数)を考察する, というものだ. 代数幾何や量子群ではおなじみの考え方である. 私は修士 1 年生のとき脇本先生から奨められて最初の部分を読んだ. わけが分からなくなって途中で挫折したが, 40 年経って今もう一度読み直してみたいと思っている. コスタントが想像した方向にスーパー数学が発展したとは思えないが, 原点に(原典に)立ち戻って考え直すのも面白いかなと思っている次第である.

カタランケ

対称群の表現をこしらえる

本講ではまず，特別なリー環と対称群の表現についてお話ししよう．唐突だが m ($\geqq 3$) 個の文字 $X = \{x_1, \cdots, x_m\}$ で生成される「自由リー環」$F(m)$ を考える．つまり x_i たちの括弧積の線型結合全体である．たとえば $[[[x_2, x_1], [x_2, x_3]], x_1] \in F(m)$ である．あくまでもリー環なので括弧積の交代性とヤコビ恒等式は成り立っているものとする．もう一度式を書いておこう．

（1） $[x, y] = -[y, x]$,
（2） $[[x, y], z] = [[x, z], y] + [x, [y, z]]$.

ヤコビ恒等式は本講のテーマに合わせるべく別の見かけになっているが交代性により第8講のものと同値である．これら以外に関係式はないし，括弧の個数にも制限はない．だから自由リー環 $F(m)$ は無限次元である．「だから」というのは感覚的な言い方であり，証明ではない．この $F(m)$ の有限次元部分空間 $\mathrm{Lie}(m)$ を，x_1 から x_m がちょうど1回ずつ登場するような「括弧つき語」の線形結合全体と定義する．たとえば $m = 5$ として $[[x_2, x_5], [[x_4, x_1], x_3]]$ は $\mathrm{Lie}(5)$ の元であるが，$[[[[x_1, x_3], x_3], x_2], x_5]$ は $\mathrm{Lie}(5)$ の元ではない．$\mathrm{Lie}(m)$ に属している単項式を「括弧つき置換（bracketed permutation）」と呼ぼう．少し考えればわかることだが括弧つき置換の括弧 $[\,,]$ の個数は $m-1$ である．対称群 S_m が $\mathrm{Lie}(m)$ に左から作用するのは明らかだろう．たとえば $\sigma \in S_5$ に対して

$$\sigma[[x_2, x_5], [[x_4, x_1], x_3]] = [[x_{\sigma(2)}, x_{\sigma(5)}], [[x_{\sigma(4)}, x_{\sigma(1)}], x_{\sigma(3)}]]$$

とすればよい．この作用を $\mathrm{Lie}(m)$ 全体に線型に拡張することにより S_m の表現が出来上がる．この表現を以下で少し詳しく調べていこう．

群環

　そのための準備として有限群の群環を導入する．G を有限群とする．その元の形式的な和を考える．

$$\mathbb{C}G = \left\{ \sum_{g \in G} c_g g \; ; \; c_g \in \mathbb{C} \right\}.$$

「（乗法）群には加法はないでしょ？」と非難されそうだ．だから言い方を変えよう．「G の元 g たちを基底とする $\mathbb{C}$ 上のベクトル空間」を考えているのである．これなら文句はないだろう．$|G|$ 次元である．ここで基底は群の元なのでもともと積がある．この群の積を双線型に拡張して $\mathbb{C}G$ の積として採用するのだ．つまり

$$\left(\sum_g c_g g \right) \left(\sum_h c'_h h \right) = \sum_{g,h} c_g c'_h gh = \sum_k \left(\sum_{gh=k} c_g c'_h \right) k$$

である．一番右の和は $gh = k$ となるようなペア (g, h) に渡るものである．このようにして有限群 G から環 $\mathbb{C}G$ ができる．これを「群環（group ring）」とよぶのである．ベクトル空間の構造もあるので「群代数（group algebra）」なる名称も使われる．そもそも環と代数を区別する必要があるのかどうか疑問であるが，たとえば岩堀長慶氏の『対称群と一般線型群の表現論』[3] では代数の代わりに「線型環」という言葉が用いられている．G が可換群（アーベル群）であることと $\mathbb{C}G$ が可換環であることは同値だ．

　$\mathbb{C}G$ の双対空間を考えよう．双対基底を $\{\delta_g \; ; \; g \in G\}$ とする．つまり δ_g は $\delta_g(h) = \delta_{g,h}$（右辺はクロネッカーのデルタ）により定義される G 上の「函数」である．連続函数の空間という意味をこめてこの双対空間を $C(G)$ と書こう．紛らわしくて申しわけない．

$$C(G) = \left\{ \phi = \sum_{g \in G} c_g \delta_g \; ; \; c_g \in \mathbb{C} \right\}.$$

函数同士の積は通常通り「値の積」で入れることができる．$\phi\psi(g) = \phi(g)\psi(g)$．これによって $C(G)$ は可換環の構造を持つ．群の構造はまったく反映されていないことに注意されたい．それはイカンというのであれば群環 $\mathbb{C}G$ の積をそのまま移管することも可能だ．つまり $gh = k$ のとき $\delta_g * \delta_h = \delta_k$ とするのである．一般の元に双線型に拡張すれば

$$\sum_g c_g \delta_g * \sum_h c'_h \delta_h = \sum_k \left(\sum_{gh=k} c_g c'_h \right) \delta_k$$

となる. $\phi = \sum_g c_g \delta_g$, $\psi = \sum_h c'_h \delta_h$ とすると, 上の式は

$$\phi * \psi(k) = \sum_{gh=k} \phi(g)\psi(h) = \sum_g \phi(g)\psi(g^{-1}k)$$

を意味する. こういうの, 見たことあるだろう. そう「畳み込み(convolution)」である.「合成積」という味気ない名前で呼ばれることもあるが, よく加法群 $\mathbb{R}$ 上の積分の形で登場する.

いろいろごちゃごちゃ書かれて混乱しているかも知れないが, 要は群環の双対空間 $C(G)$ は2種類の「積」を備えているということだ. 正式には畳み込みの方は「余積」と呼ばれる. このような構造を持つ代数系を「ホップ代数」という.「群上の函数環」というきわめて自然なものの抽象化であるが, 同等のものが「量子群」として発見されるまでは比較的地味な研究対象だったという印象だ. 日本語による名著, 阿部英一氏の『ホップ代数』(岩波書店)[30] があるのは嬉しいことだ. ちなみに著者の阿部先生はこの分野の第一人者であった. 筑波大学教授の頃は学生から「ホッピーあべ」と呼ばれて親しまれたそうだ.

さて有限群の群環 $\mathbb{C}G$ に戻ろう. ホップ代数のことは忘れる. G の有限次元表現 $\rho: G \to GL(V)$ が与えられたとき, この作用を線型に拡張して群環 $\mathbb{C}G$ の表現 $\rho: \mathbb{C}G \to \mathrm{End}(V)$ が決まる. ここで $\mathrm{End}(V)$ は V から V への線型変換全体のなす環である. 表現空間 V のことを $\mathbb{C}G$ 加群ということもある. 逆も可能なので結局, 群 G の表現と群環 $\mathbb{C}G$ の表現が一対一に対応する. いま G の部分群 K の1次元表現 $\rho: K \to \mathbb{C}^\times$ が与えられたと思え. つまり K の群環 $\mathbb{C}K$ の1次元表現 ρ が与えられたと思え. このときテンソル積

$$\mathbb{C}G \underset{\mathbb{C}K}{\otimes} \mathbb{C}$$

は $\mathbb{C}G$ の元の左からの掛け算で $\mathbb{C}G$ 加群と考えられる. ここでテンソル積の記号 $\otimes$ を説明しよう. まず複素ベクトル空間 $\mathbb{C}G$ と $\mathbb{C}$ のテンソル積 $\mathbb{C}G \underset{\mathbb{C}K}{\otimes} \mathbb{C}$ を考える. もし知らなければ「普通の積」$a \otimes b$ の線型結合の全体だと思っても大きな誤解にはつながらない. さて下付きの $\mathbb{C}K$ の意味は, テンソル記号の左側の因子である $\mathbb{C}G$ の一番右側に $\mathbb{C}K$ の元が来たら, そいつはテンソル記号を飛び越えて(くぐり抜けて)右因子, すなわち $\mathbb{C}$ にぶつかる. そこでは ρ という作用が用意されているのでそれに従う, という寸法である. ちゃんと定義するに

は商加群の言葉を用いる．左 $\mathbb{C}G$ 加群，かつ右 $\mathbb{C}K$ 加群である $\mathbb{C}G$ と左 $\mathbb{C}K$ 加群 $\mathbb{C}$ のベクトル空間としてのテンソル積 $\mathbb{C}G \otimes \mathbb{C}$ を，関係式

$$gk \otimes \alpha - g \otimes \rho(k)\alpha \qquad (g \in G,\ k \in K,\ \alpha \in \mathbb{C})$$

で生成される左部分加群で割ったものを $\mathbb{C}G \underset{\mathbb{C}K}{\otimes} \mathbb{C}$ と書く，というわけだ．これを ρ の「誘導表現(induced representation)」と呼ぶ．記号はいろいろある．軽く ρ^G と書く場合もあるし，重々しく $\mathrm{Ind}_K^G \rho$ というのもある．表現の構成法としては一般的なものであるが，なかなか難しい．私は最初意味がまったくわからなかったことをここに告白する．リー環の場合も同様の思想で表現をこしらえることがある．ヴェルマ加群というヤツだ．私の場合，こっちを先に理解してようやく有限群の場合の理解にたどり着いたのだ．G が有限群とは限らないリー群の場合，群環は定義できない．だから始めから(群環の双対である)G 上の函数空間を考えるのだ．

　部分群 K の1次元表現 ρ が与えられたとき，その誘導表現は以下のように捉えられる．G 上の(普通の)函数の代わりに「相対不変函数」を考えるのだ．つまり

$$V = \{\phi : G \to \mathbb{C} \,;\, \phi(gk) = \rho(k^{-1})\phi(g),\ g \in G,\ k \in K\}$$

が誘導表現の表現空間なのである．右辺の k にインバースがつくのはちょっとしたパズルである．幾何学的には，こういう「函数」が自然に住んでいる場所として，G/K 上の「直線束(line bundle)」というものを準備する．結果的に V は直線束の「切断(section)」の空間であると述べられる．もちろん実際には微分やら積分やらができるような「解析性」を持たせなければならないが，形式的にはリー群の場合の誘導表現とはこんなものだ．

　修士1年生の頃，指導教授の岡本清郷先生や助手だった橋爪道彦先生から何度も説明されたが，当時の私がきちんと理解できたとはとても言えない．「じゃあ今は大丈夫なのか？」と天国の岡本先生から叱られそうだ．岡本先生が自分で一番気に入っていた仕事が M. S. ナラシマン(1932-2021)との共同研究「ボレル-ヴェイユの非コンパクト群への拡張」である．ちなみにボレル-ヴェイユ構成法は誘導表現の一つである．プリンストン高等研究所滞在中に完成した由で「僕はボレルとヴェイユの前で Borel-Weil 理論を話したんだよ」とよく自慢しておられた．

本題に戻る

　すっかり本題から離れてしまった．思いの外，誘導表現の紹介に時間がかかった．そろそろ本題に戻ろう．対称群 S_m の Lie(m) 上の表現を調べるのであった．S_m の長さ m の巡回置換 τ を一つ固定し，τ で生成される巡回部分群を K とする．K の1次元表現，たとえば $\tau \mapsto \zeta$ を ρ とする．ここで ζ は1の原始 m 乗根，すなわち m 乗して初めて1になるような複素数である．さあ道具は出そろった．定理を述べよう．

●定理 9-1 ────────────

$$\mathrm{Lie}(m) \cong \mathrm{Ind}_K^{S_m} \rho.$$

　この定理は結構古いものである．A. A. クリヤチコが1974年の論文で示している．これを用いれば誘導表現の定義から $\dim \mathrm{Lie}(m) = (m-1)!$ がわかる．$m \geqq 4$ ならば Lie(m) は既約表現ではない．じゃあ既約分解はどうなっているの？ というのが自然な疑問である．対称群 S_m の既約表現は m の分割で分類されている，ということは何度か述べているが証明はおろかロクに説明もしていない．毎度引き合いに出す堀田良之氏の『加群十話』[2] などで補っておいて欲しい．そこに紹介されている「シュペヒト加群」という構成法に則り計算してみると

$$\mathrm{Lie}(3) \cong L^{(2,1)}, \qquad \mathrm{Lie}(4) \cong L^{(3,2)} \oplus L^{(2,1,1)}$$

であることがわかる．ここで L^λ は分割 λ に対応する既約表現を表している．m の分割 λ に対して L^λ が Lie(m) にいくつ入っているのか，つまり重複度 $[\mathrm{Lie}(m) : L^\lambda]$ については次の W. クラスキエヴィッツと J. ウェイマンによる2001年の定理がある．

●定理 9-2 ────────────

　$[\mathrm{Lie}(m) : L^\lambda]$ は，$\mathrm{maj}(T) \equiv 1 \pmod{m}$ を満たす λ の標準盤 T の個数に等しい．

　久しぶりに主指数 $\mathrm{maj}(T)$ が出てきた．第2講の主役だったヤツだ．たとえ

ば $\lambda = (3, 2)$ の標準盤は

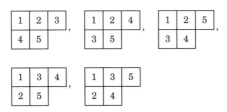

の 5 つであり，その主指数は順に $3, 6, 2, 5, 4$ である．主指数が $m = 5$ を法として 1 になるものは一つ．したがって $[\mathrm{Lie}(5) : L^{(3,2)}] = 1$ である．

　このクラスキエヴィッツという人，私自身は直接関わったことはないが，北大時代の弟子の森田英章が一時期，ずいぶん詳しく論文をフォローしていたことがある．本講の原稿を準備していて，余不変式環の構造に関する森田–中島の論文を思い出した次第である．

ランケ

　2021 年の春に *Mathematical Reviews* 誌から「以下の論文のレビュー（紹介記事）を書け」という連絡を受け取った．T. フリードマン，P. ハンロン，R. スタンレイ，M. ワックスという 4 人の大物の共著論文である．現役数学者の端くれとしてレビューを書くのは義務と心得ているし，著者は全員知り合いなので引き受けることにした．前書きから適当に文章を拾い集めるだけでも格好はつくのだが，この論文に関してはそういう失礼なことはせずに，まずは前半をきちんと読んでみた．本講前節で紹介した $\mathrm{Lie}(m)$ の話はこの論文の第 1 節に準備として書かれていることである．この論文の主題は $\mathrm{Lie}(m)$ のランケへの拡張である．「ランケって何？」はい．これから説明する．

　ベクトル空間 L がランケであるとは，n 重線型な積

$$[\bullet, \cdots, \bullet] : \times^n L \longrightarrow L$$

が備わっていて以下を満たすことと定義される．

　（1）　$[x_1, x_2, \cdots, x_n]$
　　　　 $= \mathrm{sgn}(\sigma)[x_{\sigma(1)}, x_{\sigma(2)}, \cdots, x_{\sigma(n)}]$ 　　　$(\sigma \in S_n)$,

（2）　$[[x_1, \cdots, x_n], x_{n+1}, \cdots, x_{2n-1}]$

$$= \sum_{i=1}^{n} [x_1, \cdots, x_{i-1}, [x_i, x_{n+1}, \cdots, x_{2n-1}], x_{i+1}, \cdots, x_n].$$

（1）を交代性，（2）を一般ヤコビ恒等式（generalized Jacobi identity, GJI と略す）
と呼ぼう．正式名称は Lie algebra of the n-th kind，略して LAnKe である．特
に $n = 3$ のときは Lie algebra of the third kind，略して LATKe だ．「最後の e
はなんだ？」と私も思った．スタンレイとフリードマンにメイルで聞きました
よ．当初フリードマンは LATK という名前を考えたそうだ．ところがユダヤ
の民族料理で latke というパンケーキがあるので，彼女のユダヤとの関係
（Jewish background と書いてあった）に鑑みて語末に e を付け加えたのだと教
えてもらった．リー環もどきとして括弧積を n 重線型にしてみよう，なんてい
うのはいかにも素人くさいが自然でもある．交代性の定式化は一通りしかあり
得ないがヤコビ恒等式の上のような一般化はなかなか工夫されているなと思う．
もともとフリードマンが ADE 型特異点と弦理論との関係を調べるために考察
したものだそうだ．ただし，もちろん以前に定義されていたらしく，その人の
名を冠して「フィリポフ代数（Filippov algebra）」とも呼ばれているらしい．

　$X = \{x_1, \cdots, x_m\}$ で生成される自由ランケ $F_n(m)$ は定義を書くまでもなかろ
う．面倒なので以下では $X = \{1, \cdots, m\}$ とする．部分空間 $\text{Lie}_n(m)$ を「n 括弧
つき置換」で張られるものとする．たとえば $\text{Lie}_3(5)$ は次の 3 括弧つき置換で
張られる：

$$[[1, 2, 3], 4, 5], [[1, 2, 4], 3, 5], [[1, 2, 5], 3, 4],$$
$$[[2, 3, 4], 1, 5], [[2, 3, 5], 1, 4].$$

交代性と GJI を用いれば

$$[[3, 4, 5], 1, 2] = [[3, 1, 2], 4, 5] + [3, [4, 1, 2], 5] + [3, 4, [5, 1, 2]]$$
$$= [[1, 2, 3], 4, 5] - [[1, 2, 4], 3, 5] + [[1, 2, 5], 3, 4]$$

などと書き直せる．結果的に $\dim \text{Lie}_3(5) = 5$ がわかる．ただし上の計算だけ
では 5 次元であることの証明にはなっていない．$\text{Lie}_n(m)$ の元の「括弧の個
数」は一定である．それを k とすると n, m, k の間に $m = (n-1)k+1$ なる関係
がある．さて $\text{Lie}_n((n-1)k+1)$ に対称群 $S_{(n-1)k+1}$ が自然に作用する．つまり
表現ができる．論文ではこの表現を $\rho_{n,k}$ と書いている．文字の個数 m を書か

ずに k を前面に出しているのである. たとえば先ほどの $\mathrm{Lie}_3(5)$ には S_5 が文字の置換により作用しているが, この表現を $\rho_{3,2}$ と書くのだ.

フリードマンたちの論文の前半では $k=2$ の場合, すなわち対称群 S_{2n-1} の表現 $\rho_{n,2}$ が詳しく解析されている. 若干技巧的だが頑張って説明を試みよう. いったん GJI を忘れて交代性だけを要請したベクトル空間 $V_{n,2}$ を考える. n 括弧つき置換の標準形(というか代表形)が $[[\,\bullet,\,\cdots,\,\bullet\,],\,\bullet,\,\cdots,\,\bullet\,]$ であるから $V_{n,2}$ は $\{u_\tau \,;\, \tau \in S_{2n-1}\}$ で張られるベクトル空間だと思えばよい:

$$u_\tau = [[\,\tau(1),\tau(2),\cdots,\tau(n)\,],\,\tau(n+1),\cdots,\tau(2n-1)\,].$$

対称群 S_{2n-1} は $\sigma u_\tau = u_{\sigma\tau}$ により作用する. $S = \{a_1 < a_2 < \cdots < a_n\} \subset \{1,2,\cdots, 2n-1\}$ に対して

$$v_S = [[\,a_1,\cdots,a_n\,],\,b_1,\cdots,b_{n-1}\,]$$

とおく. ここで $\{b_1 < b_2 < \cdots < b_{n-1}\} = \{1,2,\cdots,2n-1\}\backslash\{a_1,\cdots,a_n\}$ である. この v_S たちが $V_{n,2}$ の基底をなす. S の選び方が $\binom{2n-1}{n}$ 通りあり, したがって $V_{n,2}$ はこれだけの次元を持つ.

S_{2n-1} 加群として $V_{n,2}$ は「ヤング部分群」$S_n \times S_{n-1} \subset S_{2n-1}$ の符号表現からの誘導表現であることが示される.

$$V_{n,2} \cong \mathrm{Ind}_{S_n \times S_{n-1}}^{S_{2n-1}}(\mathrm{sgn}_n \times \mathrm{sgn}_{n-1}).$$

対称群の誘導表現に関するリトルウッド–リチャードソン規則により既約分解がちゃんとわかる.

$$V_{n,2} \cong \bigoplus_{j=0}^{n-1} L^{\Lambda(j)}.$$

ここで登場する分割は $\Lambda(j) = (2^j 1^{2n-1-2j})$ である.

さて私たちが欲しいのは $V_{n,2}$ ではなく, その商加群である $\mathrm{Lie}_n(2n-1)$, すなわち表現 $\rho_{n,2}$ である. そこで絡み合い作用素(intertwining operator)を考えよう.

$$\varphi : V_{n,2} \ni v_S \mapsto v_S - \sum_{i=1}^{n} [\,a_1,\cdots,a_{i-1},[\,a_i,b_1,\cdots,b_{n-1}\,],a_{i+1},\cdots,a_n\,] \in V_{n,2}$$

この線型写像が実際に S_{2n-1} 加群の準同型写像であることはすぐに検証できる. 見覚えがあるだろう. これは GJI に鑑みて定義されている. つまり $V_{n,2}$ を φ の像で割ったもの $\mathrm{Coker}\,\varphi = V_{n,2}/\mathrm{Im}\,\varphi$ が $\mathrm{Lie}_n(2n-1)$ にほかならない. 最後は一気呵成に行ってしまおう.

シューアの補題からφは各既約成分の上ではスカラーになる. フリードマンたちの論文前半の主定理はその固有値に関するものである. $V_{n,2}$は$\Lambda(j)$という分割に対応する既約表現$L^{\Lambda(j)}$たちの直和であるが, 各既約成分$L^{\Lambda(j)}$上でφは

$$1+(n-j)(-1)^{n-j}$$

という値のスカラー作用素である. また$\operatorname{Coker}\varphi\cong\operatorname{Ker}\varphi$もわかるので, 結局$\operatorname{Lie}_n(2n-1)$は$\varphi$の固有値$0$の固有空間, すなわち$L^{\Lambda(n-1)}$に同型であることがわかった. 要するに$\rho_{n,2}$は既約なのだ. 次元を計算してみると

$$\dim\operatorname{Lie}_n(2n-1)=\frac{1}{n+1}\binom{2n}{n}$$

となる. 右辺は有名な「カタラン数(Catalan number)」である. ランケ上の対称群の表現の次元としてカタラン数が出てきたのだ. フリードマンたちの論文のタイトルには CataLAnKe という語が含まれている[31]. 私はレビューを書くために前半部分を読んで面白く感じたので, 表現論の入門にちょうどいいと思い, 修士課程の学生, 金田千咲に勉強させた. 熊本大学最後の年に博士課程の学生も巻き込んだ楽しいセミナーを行うことができた.

本講では落合啓之氏から内容に関するさまざまな指摘をいただいた. この場を借りて感謝したい.

シューア函数再び

ワイルの指標公式

　タイトルの「再び」は 2008 年度の連載 12 回目「シューア函数」を受けてのことである．私にとってシューア函数は常に古典可積分系と結びついている．だから前の連載では 1981 年の佐藤幹夫先生の「KP 方程式系」の講義を思い出すという形でシューア函数を紹介した（『組合プロ』第 12 講）．本講ではなるべく重複を避けるよう努力しつつ，大好きなこの函数についてお話ししていくつもりだ．しばらくお付き合いいただきたい．なお以下で「マクドナルドの本 [32]」，「スタンレイの本 [33]」といった引用をたびたび行う．それぞれ

> I. G. Macdonald: *Symmetric Functions and Hall Polynomials*, 2nd ed., Oxford University Press, 1995
>
> R. P. Stanley: *Enumerative Combinatorics*, Vol. 2, Cambridge University Press, 1999

のことである．

　本書でも第 6 講にシューア函数は登場していた．ちょっとおさらいしよう．分割 $\lambda \in P(n)$ でラベル付けられるシューア函数を

$$S_\lambda(t) = \sum_{\rho = (1^{m_1} 2^{m_2} \cdots) \in P(n)} \chi_\rho^\lambda \frac{t_1^{m_1} t_2^{m_2} \cdots}{m_1! \, m_2! \cdots}$$

により定義する．ここで χ_ρ^λ は対称群 S_n の既約指標である．もちろんこれを定義として採用して構わないのだが通常は「一般線型群の既約指標」というのがシューア函数の定義である．

　どういうものか説明しよう．自然数 N を止める．最終的な形は N に無関係であることが示されるので「十分大きな N」を考えればよい．考える群は

$GL(N,\mathbb{C})$ である．変数 $x_1, x_2, \cdots, x_N$ を準備する．定義には特別なストリクト分割 $\delta = (N-1, N-2, \cdots, 1, 0)$ が登場する．さて分割 $\lambda = (\lambda_1, \lambda_2, \cdots, \lambda_N)$ に対して多項式 $a_{\lambda+\delta}$ を

$$a_{\lambda+\delta} = \det(x_j^{\lambda_i + (N-i)})_{1 \leq i,j \leq N}$$

により定義する．行列式なのでこれは整数係数の交代式である．つまり変数の入れ替えに応じて符号がつく．また次数が $|\lambda|+|\delta|$ の斉次多項式であることもわかる．$\lambda = \emptyset$ の場合 $a_\delta = \det(x_j^{N-i})$, $1 \leq i, j \leq N$ は言わずと知れたヴァンデルモンド行列式，つまり差積 $\prod_{i<j}(x_i - x_j)$ である．別名「最簡交代式」だ．つまり任意の整数係数交代式は差積で割り切れる．そこで商を考える．

$$s_\lambda(x_1, \cdots, x_N) = \frac{a_{\lambda+\delta}}{a_\delta}$$

は次数 $|\lambda|$ の斉次対称多項式である．これを「シューア多項式」と呼ぶことにしよう．分子の行列式は，1年生の線型代数で習うように置換すなわち対称群 S_N 上で和をとっている．対称群はリー環の言葉遣いでは（A 型の）「ワイル群」だ．また分母の差積の因子 $x_i - x_j$ は（A 型の）「正ルート」あるいは「正コルート」とみなされる．つまり変数は $GL(N,\mathbb{C})$ の対角元 $\mathrm{diag}(x_1, \cdots, x_N)$ の成分だと考えるのが自然である．あるいは行列の固有値と考えてもよい．

　このシューア多項式は $GL(N,\mathbb{C})$ の多項式表現の指標を対角行列の成分を変数として表示したものである．いや，話は逆だ．そもそも複素リー群の有限次元既約表現の指標は，

$$\frac{\text{ワイル群上の和}}{\text{正ルートに関する積}}$$

という表示を持つ．「ワイルの指標公式」と呼ばれるものだ．かなりの準備が必要なのでここで公式自体を書くことはしない．リー群やリー環の表現論の本を見て欲しい．たとえば W. Fulton, J. Harris "Representation Theory" (Springer)[34] や R. Goodman, N. R. Wallach "Representations and Invariants of the Classical Groups" (Cambridge University Press)[35] などはいかがだろうか．後者については新版も出ている由であるが私は見ていない．

盤表示

　ワイルの指標公式で得られたシューア多項式の「盤表示」というものもよく知られている．組合せ論の本としてこれを述べないわけにはいかない．分割 $\lambda = (\lambda_1, \cdots, \lambda_N)$ のヤング図形を台に持つ「半標準盤(semi-standard tableau)」を考える．これはヤング図形の各マス目に数 1 から N を次のルールに従って書き入れたものである．

　　　1. 各行，左から右に単調非減少．
　　　2. 各列，上から下に狭義単調増加．

たとえば $N = 3$, $\lambda = (2, 1, 0) = (2, 1)$ とすると半標準盤は次の 8 個である．

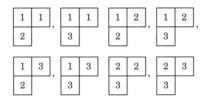

　各半標準盤 T に対して単項式

$$x^T = \prod_{j=1}^{N} x_j^{m(j\,;\,T)}$$

をあてがう．ここで $m(j\,;\,T)$ は T に書かれている数 j の個数である．このとき

$$s_\lambda = \sum_T x^T$$

が成り立つ．ここで和は λ を台に持つ半標準盤 T に渡るものである．これは決して自明なことではない．そもそもこれが対称多項式になることすら明らかではない．上の例では

$$s_{(2,1)} = x_1^2 x_2 + x_1^2 x_3 + x_1 x_2^2 + 2 x_1 x_2 x_3 + x_1 x_3^2 + x_2^2 x_3 + x_2 x_3^2$$

となる．これがワイルの指標公式の

$$\frac{\begin{vmatrix} x_1^4 & x_2^4 & x_3^4 \\ x_1^2 & x_2^2 & x_3^2 \\ 1 & 1 & 1 \end{vmatrix}}{\begin{vmatrix} x_1^2 & x_2^2 & x_3^2 \\ x_1^1 & x_2^1 & x_3^1 \\ 1 & 1 & 1 \end{vmatrix}}$$

に一致することを確かめられたい.

　こういう計算がぴったり合うと嬉しくなってどんどんいろいろな例をやってみたくなるだろう. 寝食を忘れずに計算する, それが「数学をする」正しい姿だ.『数学セミナー』2020 年 4 月号の拙稿をご覧いただきたい. いい加減計算に飽きてきたら証明や意味などを考えればいいのである. 私なぞはこういう単純計算はいつまでやっても飽きないので, 考えるプロセスまで進まない. 表現論を少し知っていれば, この盤表示は指標, すなわちトレースをウエイト空間ごとに足している, ということの現れであることがわかると思う.

佐藤変数

　シューア多項式 $s_\lambda(x_1, \cdots, x_N)$ は $|\lambda|$ 次の斉次対称多項式なので, さまざまな対称多項式の多項式として表される. たとえば「冪和対称多項式(power sum)」$p_k = x_1^k + x_2^k + \cdots + x_N^k$ の多項式としての表示がある. そして, これが重要なことなのだが, ひとたびそういう表示がなされたらもはや N に無関係になってしまうのだ. これをシューア多項式の「安定性」と呼ぶ. たとえば先ほどの例では $s_{(2,1)} = \dfrac{p_1^3 - p_3}{3}$ である. N は分割 λ の長さ, すなわち正の成分の個数よりも大きければ何でもよい. いっそのこと $GL(N, \mathbb{C})$ という群を離れて $N = \infty$ としてしまってもシューア函数の表示は同じだ. (x_j たちの多項式ではなくなってしまうのでシューア「函数」に昇格した.) 生い立ちを考えれば p_k の次数を k と勘定するのが自然だ. そうすれば p_k の多項式として表示したシューア函数の次数は $|\lambda|$ になる.

　前にも述べたように私は佐藤先生の講義で初めてシューア函数に触れた. KP 理論においてシューア函数は冪和対称函数の多項式として登場する. より正確には $t_k = \dfrac{p_k}{k}$ という「変数」が用いられる. これは時間変数としての役目を負うが(当時の)若者は「佐藤変数」と呼んでいた. それに対してもともとの

変数 x_j は「固有値変数」と称される．冪和対称函数あるいは佐藤変数を用いて
シューア函数を表示する際に対称群の既約指標が登場するのだ．これがフロベ
ニウスの公式である．つまり n の分割 λ に対して

$$s_\lambda = \sum_\rho \chi_\rho^\lambda \frac{t_1^{m_1} t_2^{m_2} \cdots}{m_1! \, m_2! \cdots}.$$

ここで右辺は n の分割 $\rho = (1^{m_1} 2^{m_2} \cdots)$ に関する和であり，χ_ρ^λ は対称群 S_n の λ
に対応する既約表現の指標の ρ に対応する共軛類上での値である．シューア
函数を s_λ と表記するのはマクドナルドの本 [32] の流儀だが，私は佐藤変数で表
すときは $S_\lambda(t)$ と書くことにしている．

　対称群 S_n の既約表現で分割 (n) でラベル付けられるのは恒等表現である．
つまり群の任意の元に対して $1 \in \mathbb{C}^\times$ を対応させるものだ．ヤング図形では
(n) は横一本であるが，その転置をとって縦一本，(1^n) に対応するのは符号表
現である．すなわち置換 $\sigma \in S_n$ に対して $\mathrm{sgn}\,\sigma$ を対応させるものだ．それぞれ
のシューア函数を h_n, e_n で表す．「完全対称函数」および「基本対称函数」だ．

$$h_n(t) = S_{(n)}(t) = \sum_\rho \frac{t_1^{m_1} t_2^{m_2} \cdots}{m_1! \, m_2! \cdots},$$

$$e_n(t) = S_{(1^n)}(t) = \sum_\rho (-1)^{m_2 + m_4 + \cdots} \frac{t_1^{m_1} t_2^{m_2} \cdots}{m_1! \, m_2! \cdots}.$$

不定元（変数）z の形式的冪級数 $\eta(t, z) = \sum_{j \geqq 1} t_j z^j$ を e の肩に乗せ，それをテ
イラー展開する：

$$e^{\eta(t, z)} = \sum_{n=0}^\infty h_n(t) z^n.$$

右辺の z^n の係数として出てくる $h_n(t)$ が完全対称函数にほかならない．つま
り $e^{\eta(t, z)}$ が $h_n(t)$ の母函数ということである．なお h_n という記法はマクドナ
ルドの本 [32] に従っている．complete homogeneous symmetric function とい
うのが正式名称であり，文字 h が採用されたのだと思う．紛らわしいことに佐
藤はこれを p_n と書く．これはワイルの *The Classical Groups* [4] で用いられ
ている由緒正しいものだ．佐藤理論から対称函数を学んだ身としてはこの p_n は
捨て難いのだが残念ながら冪和対称函数と混同してしまうのだ．やむなく本講
でも h_n を用いることにする．もどかしい．数学では記号は自由だが，それだ
けに考えた末の記号は容易には捨てられないのだ．たとえば超函数論で相対コ

ホモロジーの記号として *Dist* が登場するが，佐藤先生はずいぶんこれにはこだわったと聞いたことがある．ちなみにワイルの本では冪和対称函数を σ_n で表している．

　横一本の分割 (n) と縦一本の分割 (1^n) はもちろん互いに転置のヤング図形である．対称群の既約表現として，ヤング図形 λ の転置 ${}^t\lambda$ は「符号表現とのテンソル積」を意味する．そしてそれがシューア函数の変換を引き起こす．

$$S_{{}^t\lambda}(t) = (-1)^{|\lambda|-\ell(\lambda)}S_\lambda(-t).$$

ここで $\ell(\lambda)$ は分割 λ の長さ，すなわち 0 でない成分の個数である．

　一般線型群の既約指標になぜ対称群が絡んでくるのか．理由は「双対性(duality)」である．$GL(N,\mathbb{C})$ の自然表現，すなわち行列を $\mathbb{C}^N$ の線型変換とみなす表現の n 階のテンソル積 $(\mathbb{C}^N)^{\otimes n}$ には因子の入れ替えで対称群 S_n が作用する．つまり空間 $(\mathbb{C}^N)^{\otimes n}$ は直積群 $GL(N,\mathbb{C})\times S_n$ の表現である．これを既約分解することにより $GL(N,\mathbb{C})$ の既約表現と S_n の既約表現の間に対応がつく．これを「シューア-ワイルの双対性」と呼ぶ．詳しくは Goodman-Wallach の前掲書[35]をご覧いただきたい．私は双対性こそ数学の中で最も数学らしい「モノの見方」だと考える．

行列式表示

　シューア函数が数学のいろいろな場面に顔を出す一つの本質的な理由は行列式で表されるということである．完全対称函数を用いる次の公式がある．分割 $\lambda = (\lambda_1, \lambda_2, \cdots, \lambda_n)$ に対して

$$s_\lambda = \det(h_{\lambda_i-i+j})_{1\leq i,j\leq n}.$$

転置をとることにより次も示される．${}^t\lambda = (\lambda_1', \lambda_2', \cdots, \lambda_m')$ とする．

$$s_\lambda = \det(e_{\lambda_i'-i+j})_{1\leq i,j\leq m}.$$

ここで $h_0 = e_0 = 1$，$h_n = e_n = 0$ $(n<0)$ と約束している．これらを「ヤコビ-トゥルディの公式(Jacobi-Trudi formula)」と呼ぶのが普通である．スタンレイの本[33]によれば Nicolo Trudi はヤコビの学生らしい．また後者の公式については「ネーゲルスバッハ-コストカの公式(Nägelsbach-Kostka formula)」という言い方もある．1995 年パリ郊外での講演でマクドナルドはこのように呼んでいたのを覚えている．一つだけ例を挙げておこう．$\lambda = (3,1)$ とする．し

たがって $'\lambda = (2, 1, 1)$ である.

$$s_{(3,1)} = \begin{vmatrix} h_3 & h_4 \\ 1 & h_1 \end{vmatrix} = \begin{vmatrix} e_2 & e_3 & e_4 \\ 1 & e_1 & e_2 \\ 0 & 1 & e_1 \end{vmatrix}.$$

ヤコビ-トゥルディの公式の証明は, たとえばマクドナルドの本や池田岳氏の『数え上げ幾何学講義』(東京大学出版会)[36]に載っている. 池田氏の本はシューベルトカルキュラスが主題である. この分野でよく出てくる名前がジャンベリ(G. Z. Giambelli)だ. この人によって証明されたシューア函数の行列式表示がある. シューベルトカルキュラスとの関係は,『数学セミナー』2016 年 3 月号, 成瀬弘氏の解説「シューア函数とシューベルト算法」に詳しい. ちなみにこの号はシューア函数特集である. この函数のさまざまな側面が専門家により要領よく解説されている. 本書の読者はぜひ手元に置くことをお勧めする.

ジャンベリの公式の説明のため少し準備が必要である. 自然数 $a, b \geqq 0$ に対して $(a \mid b)$ でフック $(a+1, 1^b)$ を表す. a が腕の長さ(arm length), b が脚の長さ(leg length), フックの曲がり角(すなわち body)の一つを加えて大きさ $a+b+1$ のフックである. a が arm はいいとしてなぜ b が leg なのだ, という「苦情」に対しては b は Bein だ, と洒落てみよう. 一般にヤング図形はその主対角線を body とするフックを積み重ねたものだ, と了解しよう. たとえば

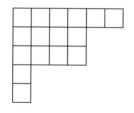

は $(5 \mid 4), (2 \mid 1), (1 \mid 0)$ を並べた「厚さ」3 のヤング図形と考えるのである. そしてこれを $(5, 2, 1 \mid 4, 1, 0)$ と表す. フロベニウス記法と言うらしい. フック $(a \mid b)$ のシューア函数はヤコビ-トゥルディを使って計算すれば

$$s_{(a \mid b)} = \sum_{i=1}^{b} (-1)^{i-1} h_{a+i} e_{b-i+1}$$

となることがわかる. $s_{(1^b)} = e_b$ に注意すればよい. フロベニウス記法 $(\alpha \mid \beta)$ $= (\alpha_1, \alpha_2, \cdots, \alpha_r \mid \beta_1, \beta_2, \cdots, \beta_r)$ で表されるヤング図形について

$$s_{(\alpha|\beta)} = \det\left(s_{(\alpha_i|\beta_j)}\right)_{1\le i,j\le r}$$

というのがジャンベリの公式である．証明はスタンレイの本[33]，第7章の練習問題になっている．難易度[3−]とラベルされている．「そうか，そんなに易しくはないんだな」と思ってすぐ解答ページを見ると，そこには「マクドナルド 47 ページを参照せよ」と書かれている．こっちも example と称する練習問題だが，幸い少しヒントが書かれているのでそれに従って証明できる．

正規直交性

佐藤変数で書いたシューア函数が住んでいる空間を V とする．すなわち $V = \mathbb{C}[t_k ; k \ge 1]$．前にも述べたように多項式の次数は $\deg t_k = k$ とするのが自然である．n 次の斉次多項式の空間を V_n とする．V_n の次元は n の分割数 $p(n)$ に等しいことがすぐにわかる．分割 λ の大きさが n であるとき $S_\lambda(t) \in V_n$ であるから，もし $\{S_\lambda(t) ; |\lambda| = n\}$ が一次独立であれば，この集合が V_n の基底となる．V 上にエルミート内積 $\langle \bullet, \bullet \rangle : V \times V \to \mathbb{C}$ を

$$\langle P(t), Q(t)\rangle = P(\tilde{\partial})\overline{Q(t)}\big|_{t_1=t_2=\cdots=0}$$

により定義する．ただしここで

$$\tilde{\partial} = \left(\frac{\partial}{\partial t_1}, \frac{1}{2}\frac{\partial}{\partial t_2}, \frac{1}{3}\frac{\partial}{\partial t_3}, \cdots\right)$$

とおいた．

フロベニウスの公式を使ってシューア函数同士の内積を計算してみよう．λ, μ を n の分割とする．

$$\langle S_\lambda(t), S_\mu(t)\rangle = \sum_{\rho,\sigma}\frac{1}{z_\rho}\chi_\rho^\lambda \chi_\sigma^\mu \delta_{\rho,\sigma} = \sum_\rho \frac{1}{z_\rho}\chi_\rho^\lambda \chi_\rho^\mu.$$

対称群の指標の第1直交関係より右辺は $\delta_{\lambda,\mu}$ となる．『組合プロ』97 ページを参照されたい．ただしみっともないことに 97 ページの式は間違っているので修正が必要である（増補版では修正されている）．これによりシューア函数は互いに直交していることがわかった．したがってもちろん一次独立となり V の基底をなすことが示されたのである．シューア函数はそれ自体一般線型群の，あるいはユニタリ群の既約指標だから直交するのは自然なのだが，実は対称群の既約指標の直交性も背後にあるのだ．

直交性を軸にしてシューア函数にパラメータを入れて一般化することができる．私は詳しいわけではなく名前しか知らないのだが「ジャック対称函数」，「ホール–リトルウッド対称函数」，「マクドナルド対称函数」などと呼ばれる族である．ここで述べたシューア函数はいわゆる A 型であるが，ほかの古典型ルート系に対してもこれらの対称函数は定義されるし，さらには「楕円型」と呼ばれるクラスも盛んに研究されている．いつまでもシューア函数だけにとどまっていてはいけない時代なのかも知れない．

　「時代遅れ」との批判を承知の上で，あるいは受け流して，第11講でシューア函数をもう一度取り上げる．

プリュッカーとグラスマン

まずは復習から

　シューア函数の話を続けよう．本講では「マヤ図形」によるラベル付けを使うことにする．非負整数の有限列 $L = (\ell_0, \ell_1, \cdots, \ell_{n-1})$ がマヤ図形であるとは $0 \leq \ell_0 < \ell_1 < \cdots < \ell_{n-1}$ であることと定義する．実際に図形を考えた方がわかりやすいこともある．たとえば $L = (0, 1, 4, 7, 9)$ に対して

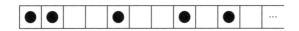

という図形が対応する．マス目には左から $0, 1, 2\cdots$ と番号が振られており，指定されたマス目に「粒子」に見立てた黒丸●が配置されている．L は有限数列なので黒丸の個数は有限個である．それぞれの粒子の左側にある空き地の個数を ℓ_{n-1} から勘定する．上の例では $(5, 4, 2, 0, 0)$ となる．これがヤング図形だ．式で書けば $\lambda_i = \ell_{n-i} - (n-i)\ (1 \leq i \leq n)$ とおくとき，$\lambda = (\lambda_1, \lambda_2, \cdots, \lambda_n)$ が対応するヤング図形になる．ヤング図形の最後に並ぶ 0 はご愛嬌だが，このせいでマヤ図形とヤング図形の対応は 1 対 1 にはならない．マヤ図形の「原点」を決める必要が生じることもあるが，今日は細かいことには立ち入らない．

　マヤ図形 $L = (\ell_0, \ell_1, \cdots, \ell_{n-1})$ に対応するヤング図形 λ でラベル付けられるシューア函数 $S_\lambda(t)$ を本講では $S_L(t) = S_{\ell_0 \ell_1 \cdots \ell_{n-1}}(t)$ と書くことにする．行列式表示が本質的なのでちょっとだけ復習しておこう．

$$\eta(t, z) = \sum_{j=1}^{\infty} t_j z^j$$

として

$$e^{\eta(t, z)} = \sum_{n=0}^{\infty} h_n(t) z^n$$

により多項式 $h_n(t)$ を定義する．また $h_{-n}(t) = 0$ $(n \geq 1)$ と約束する．一般のマヤ図形 $L = (\ell_0, \ell_1, \cdots, \ell_{n-1})$ に対するシューア函数は

$$S_L(t) = S_{\ell_0 \ell_1 \cdots \ell_{n-1}}(t)$$

$$:= \det(h_{\ell_i - j}(t)) = \begin{vmatrix} h_{\ell_0} & h_{\ell_0 - 1} & \cdots & h_{\ell_0 - (n-1)} \\ h_{\ell_1} & h_{\ell_1 - 1} & \cdots & h_{\ell_1 - (n-1)} \\ \vdots & \vdots & \cdots & \vdots \\ h_{\ell_{n-1}} & h_{\ell_{n-1} - 1} & \cdots & h_{\ell_{n-1} - (n-1)} \end{vmatrix}$$

と定義するのである．今後の議論においてインデックスが必ずしも小さい順に並んでいるとは限らないケースも出てくるが，インデックスの入れ替えは行列式において行の入れ替えに対応することに鑑みて「シューア函数はインデックスの入れ替えに関して交代的」と約束する．（約束ごとが多いな．）　この行列式表示は通常「ヤコビ-トゥルディの公式」と呼ばれていることは第 10 講で述べた通りだ．

グラスマン多様体

　復習が終わったところでいったんシューア函数から離れて一般の行列式について，1 年生の線型代数では教えられないことを少しだけ述べよう．十分大きな整数 N を固定する．$N = \infty$ と思っても差し支えないが無限行列を恐れる読者がいると困るので N を有限にしておく．$n \leq N$ として $N \times n$ 行列 $Z = (z_{ij})_{0 \leq i \leq N-1, 0 \leq j \leq n-1}$ を考える．成分 z_{ij} は複素数だと思ってもよいが，一般に整域，つまり具合のいい可換環の元であるとする．2 つのマヤ図形 $K = (k_0, k_1, \cdots, k_{n-2})$，$L = (\ell_0, \ell_1, \cdots, \ell_n)$ に対して Z の小行列を選ぶ．

$$A = (z_{k_i j})_{0 \leq i \leq n-2, 0 \leq j \leq n-1}, \qquad B = (z_{\ell_i j})_{0 \leq i \leq n, 0 \leq j \leq n-1}.$$

サイズに注意されたい．A は $(n-1) \times n$ 行列，B は $(n+1) \times n$ 行列である．そうしておいて $2n \times 2n$ 行列

$$X = \begin{bmatrix} A & O \\ B & B \end{bmatrix}$$

を考えるのだ．ここで右上の O はサイズ $(n-1) \times n$ のゼロ行列である．列基本変形を施して，行列式を変えずに

$$\begin{bmatrix} A & O \\ O & B \end{bmatrix}$$

に変形することにより $\det X = 0$ がわかる．行列式（＝0）を第0行，第1行，…，第 $n-2$ 行でラプラス展開する．得られる展開式は

$$\sum_{i=0}^{n} (-1)^i \xi_{k_0 k_1 \cdots k_{n-2} \ell_i} \cdot \xi_{\ell_0 \ell_1 \cdots \hat{\ell_i} \cdots \ell_n} = 0$$

となる．ここで ξ は指定された行を選んだ Z の n 次小行列式を表す．また $\hat{\ell_i}$ は ℓ_i の消去を意味する．この $\hat{\ell_i}$ は左の ξ に引っ越してしまったのだ．この等式を「プリュッカー関係式（Plücker relations）」と呼ぶ．

少し詳しく議論するために記号を準備する．とりあえず Z は複素行列としよう．まず $V := \mathbb{C}^N$ の基底を一つ固定する．たとえば単位ベクトル $e_j = {}^t(0, \cdots, 1, \cdots, 0)$ $(0 \leq j \leq N-1)$ にしておく．行列 $Z = (z_{ij})$ を $Z = (z_0, z_1, \cdots, z_{n-1})$ と列ベクトルに分解すれば $z_j = \sum_i z_{ij} e_i$ である．Z の階数（ランク）が n であれば列ベクトルたち $\{z_j ; 0 \leq j \leq n-1\}$ は V の n 次元部分空間を張る．「生成する」という言い方もあるが，個人的にはベクトル空間の場合は「張る」の方が適切な感じがする．Z の列基本変形で列ベクトルたちの張る部分空間は変わらない．基底が変換されるだけである．列基本変形とは Z の右側から $GL(n)$ の元を掛けることである．階数が n の $N \times n$ 行列を「枠（frame）」と呼びその全体を $FR(n, N)$ と書こう．またベクトル空間 $V = \mathbb{C}^N$ の n 次元部分空間の全体を $GM(n, N)$ で表そう．これは「グラスマン多様体」と呼ばれる幾何学の対象である．上で述べたことは

$$FR(n, N)/GL(n) \cong GM(n, N)$$

ということである．多様体としての同型という意味であるが，単に1対1対応と思ってもらって構わない．

ここで V の外積代数 $\wedge V$ を考える．一応定義を与えておこう．

$$\wedge V = \bigoplus_{n=0}^{N} \overset{n}{\wedge} V ; \quad \overset{n}{\wedge} V = \bigoplus_{\ell_0 < \cdots < \ell_{n-1}} \mathbb{C} e_{\ell_0} \wedge \cdots \wedge e_{\ell_{n-1}}.$$

ここで「外積（exterior product）」は単に $e_j \wedge e_k = -e_k \wedge e_j$ を満たす，つまり交代的な積だと思えばよい．

枠 $Z = (z_0, \cdots, z_{n-1}) \in FR(n, N)$ の列ベクトルたちの外積をとる写像を ι とする．つまり $\iota : FR(n, N) \to \overset{n}{\wedge} V$ である．具体的に計算すると

$$\iota(Z) := z_0 \wedge \cdots \wedge z_{n-1}$$

$$= \left(\sum_{\ell_0} z_{\ell_0 0} e_{\ell_0} \right) \wedge \cdots \wedge \left(\sum_{\ell_{n-1}} z_{\ell_{n-1} n-1} e_{\ell_{n-1}} \right)$$

$$= \sum_{\ell_0, \cdots, \ell_{n-1}} (z_{\ell_0 0} \cdots z_{\ell_{n-1} n-1})(e_{\ell_0} \wedge \cdots \wedge e_{\ell_{n-1}})$$

$$= \sum_{\ell_0 < \cdots < \ell_{n-1}} \left\{ \sum_{\sigma \in S_n} (\mathrm{sgn}\,\sigma) z_{\ell_{\sigma(0)} 0} \cdots z_{\ell_{\sigma(n-1)} n-1} \right\} \times (e_{\ell_0} \wedge \cdots \wedge e_{\ell_{n-1}})$$

$$= \sum_{\ell_0 < \cdots < \ell_{n-1}} \xi_{\ell_0 \cdots \ell_{n-1}} e_{\ell_0} \wedge \cdots \wedge e_{\ell_{n-1}}$$

ただし ξ は指定された行を選んだ Z の n 次小行列式を表すのであった。Z の階数が n なので小行列式がすべてゼロということはない。したがって $\iota(FR(n, N)) \subset \overset{n}{\wedge} V \setminus \{0\}$ ということになる。また $g \in GL(n)$ を右から掛けた Zg の小行列式は一斉に $\det g$ 倍される。だから ι の値域でスカラー倍を無視する，すなわち射影空間 $P^{\binom{N}{n}-1} = (\overset{n}{\wedge} V \setminus \{0\})/\mathbb{C}^\times$ を考えることが自然なのである。要するに写像

$$\bar{\iota} : GM(n, N) \longrightarrow P^{\binom{N}{n}-1}$$

が "well-defined" なのだ。この $\bar{\iota}$ は単射である。つまりグラスマン多様体 $GM(n, N)$ を射影空間 $P^{\binom{N}{n}-1}$ に埋め込んでいると思うことができる。ただし全射ではない。一般に $P^{\binom{N}{n}-1}$ の点 $(\zeta_{\ell_0 \ell_1 \cdots \ell_{n-1}}; \ell_0 < \ell_1 < \cdots < \ell_{n-1})$ が $\bar{\iota}$ の像に入っている，つまり $Z \in FR(n, N)$ の小行列式であるための必要十分条件が先ほどの式

$$\sum_{i=0}^{n} (-1)^i \zeta_{k_0 k_1 \cdots k_{n-2} \ell_i} \cdot \zeta_{\ell_0 \ell_1 \cdots \hat{\ell_i} \cdots \ell_n} = 0$$

なのだ。必要性は先ほど示した通りだ。行列式の展開からすぐにわかる。十分性の証明はここでは与えない。たとえば彌永昌吉・布川正巳編『代数学』（岩波書店）[37] をご覧いただきたい。私が学部 2 年生，3 年生のとき足立恒雄先生が代数学の講義で用いた教科書であった。愛着のある本だ。

$n = 2$，$N = 4$ のときにどうなっているのか実際に式を書いてみよう。$GM(2, 4)$ とは 4 次元空間における 2 次元部分空間の全体，今風の言葉で表せば「モジュライ空間」である。多様体としての次元は 4 である。これを 5 次元の射影空間に埋め込むわけだ。その定義方程式は 1 本，それが

$$\xi_{01} \xi_{23} - \xi_{02} \xi_{13} + \xi_{03} \xi_{12} = 0$$

である。プリュッカー（Julius Plücker 1801-1868）がこの例を与え，後にグラス

マン（Hermann Grassmann 1809-1877）が一般化したそうだ．ちなみに藤森祥一氏の『数学セミナー』連載「目で視る曲線と曲面」2022年10月号に「プリュッカーのコノイド」という曲面が紹介されている．また本講の下書きを見た庵原謙治氏（リヨン大学）はプリュッカーの墓がボンにあることをその写真とともにお知らせくださった．

シューア函数に戻る

　前節で少しだらだらと述べたのは $N \times n$ 行列の n 次小行列式はグラスマン多様体の定義方程式であるプリュッカー関係式を満たすということであった．ここで Z の成分として $z_{ij} = h_{i-j}(t)$ とする．これは複素数ではないが行列式が意味を持つ整域の元である．小行列式は

$$\xi_{\ell_0 \cdots \ell_{n-1}} = \det(h_{\ell_i - j}(t)) = S_{\ell_0 \cdots \ell_{n-1}}(t)$$

とシューア函数になる．つまりシューア函数はプリュッカー関係式を満たすのである．シューア函数がグラスマン多様体上を動き回っている，というイメージでよろしいかと思う．そういえばゲルファントの超幾何函数もグラスマン多様体に住んでいるのだった．線型代数と直接結びつく多様体なのでユビキタスなのだと納得する．ひところ流行った言葉だな．

　さてシューア函数の偏微分を考えよう．$\partial_j = \dfrac{\partial}{\partial t_j}$ と略記する．

$$\partial_j e^{\eta(t,z)} = z^j e^{\eta(t,z)}$$

より $\partial_j h_n(t) = h_{n-j}(t)$ がわかる．一般のシューア函数は h_k たちの行列式で与えられるのであった．函数を成分とする行列式の微分は「各列を微分した行列式の和」であることはよく知られているだろう．行列式の定義式を微分して「積の微分」を適用すればよい．高校数学だ．したがって特に t_1 での偏微分は最後の列を微分した行列式しか残らないので

$$\partial_1 S_{\ell_0 \cdots \ell_{n-1}}(t) = \begin{vmatrix} h_{\ell_0} & h_{\ell_0 - 1} & \cdots & h_{\ell_0 - (n-2)} & h_{\ell_0 - n} \\ h_{\ell_1} & h_{\ell_1 - 1} & \cdots & h_{\ell_1 - (n-2)} & h_{\ell_1 - n} \\ \vdots & \vdots & \cdots & \vdots & \vdots \\ & & \cdots & & \\ h_{\ell_{n-1}} & h_{\ell_{n-1} - 1} & \cdots & h_{\ell_{n-1} - (n-2)} & h_{\ell_{n-1} - n} \end{vmatrix}$$

となる．

ロンスキー行列式の微分という比較的よく扱う代物だ．やはり行列式で表示されるのである．これはスキューシューア関数と呼ばれるものの一つ．スキューヤング図形(skew Young diagram)でラベル付けられるシューア関数という意味であって決して skew Schur という人名ではない．単独の行列式なのでプリュッカー関係式を満たす：

$$\sum_{i=0}^{n} (-1)^i \, \partial_1 S_{k_0 k_1 \cdots k_{n-2} \ell_i}(t) \cdot \partial_1 S_{\ell_0 \ell_1 \cdots \hat{\ell_i} \cdots \ell_n}(t) = 0.$$

小さいマヤ図形に対して実験的にこの式を見つけたときには嬉しかった．LINE で頻繁にやり取りをしている青影一哉に「どうやら一般的に成り立ちそうだよ」と伝えたのだが，ほどなくして上に書いた理由とともに「自明ですよ」と言われてがっくりきた．もう少し一般に $h_k(-\tilde{\partial}) S_{\ell_0 \cdots \ell_{n-1}}(t)$ が単独の行列式で表示されることが確かめられる．ここで $\tilde{\partial} = \left(\partial_1, \dfrac{\partial_2}{2}, \dfrac{\partial_3}{3}, \cdots \right)$ である．

　ある程度「感覚」を持っていたので次に試みた実験は以下の式である．自然数 $k \geqq 2$ を固定する．そのとき

$$\sum_{i=0}^{n} (-1)^i \left\{ \sum_{\alpha+\beta=k} \partial_\alpha S_{k_0 k_1 \cdots k_{n-2} \ell_i}(t) \cdot \partial_\beta S_{\ell_0 \ell_1 \cdots \hat{\ell_i} \cdots \ell_n}(t) \right\} = 0.$$

ここで { } の中の和は $\alpha + \beta = k$ となる $\alpha, \beta \geqq 1$ を渡るものとする．便宜上「微分プリュッカー関係式」と呼んでいる．自明な式ではないと思う．青影の努力によって証明はできたのだが，いささか面倒な計算であった．文献を見つけることはできなかったが知られている可能性は高いと思う．ただ現時点では単なる恒等式であって意味が不明である．本来のプリュッカー関係式のように幾何学的な解釈ができれば，力によらない証明も可能かも知れないが今のところわからない．KP 方程式系などとの関連も，期待はしているのだが何とも言えない．いやそもそも大した等式ではないのかも知れない．

　30 年ぐらい前のことを思い出した．カリフォルニア大学サンディエゴのワラック氏(Nolan Wallach 1940–)がこう言った．「複雑なシューア関数の恒等式みたいなヤツは好きじゃない．何か表現論や代数幾何などの『本物の』数学と結びついていれば意味もあろうが，ただ単に組合せ論的に導出された式に興味はない．」 大島利雄先生のご自宅での会食の際に言ったのであるが正確な英語は覚えていない．我々の微分プリュッカー関係式がワラック氏のお眼鏡にかなうかどうか．ワラック氏とは 34 年前にプリンストンで親しくお喋りしたこと

を覚えている．ラトガース大学からカリフォルニア大学に移るというので送別会をハウ氏(Roger Howe 1945-)の自宅で行ったのだった．I can count in Japanese だそうだ．「イッチ　ニー」と言って膝を掻く仕草をした．もう一つ，表現論の二大巨頭ワラック氏とコスタント氏(Bertram Kostant 1928-2017)はブルックリンの同じ病院で生まれたとのこと．ちょっとしたトリビアでした．

Q函数版

先ほど微分プリュッカー関係式を見つけるにあたって「感覚」があったと述べた．実はシューア函数よりも先にシューアのQ函数について微分プリュッカーもどきがあるのを知っていたのだ．それを簡単に説明しよう．

Q函数は $t = (t_1, t_3, t_5, \cdots)$ を変数とする斉次多項式でマヤ図形でラベル付けられる．まず

$$\xi(t, z) = \sum_{j \geq 1, \text{odd}} t_j z^j$$

として

$$e^{\xi(t,z)} = \sum_{n=0}^{\infty} q_n(t) z^n$$

により多項式 $q_n(t)$ を定義する．また $q_{-n}(t) = 0 \ (n \geq 1)$ と約束する．次に $0 \leq a < b$ なる整数について

$$Q_{ab}(t) = q_a(t) q_b(t) + 2 \sum_{i=1}^{a} (-1)^i q_{a-i}(t) q_{b+i}(t),$$

$$Q_{ba}(t) = -Q_{ab}(t)$$

と定義する．また $Q_{aa}(t) = 0$ と約束する．今回はマヤ図形を $L = (\ell_0, \cdots, \ell_{2m-1})$ と「長さ」を偶数にしておく．必要ならば $\ell_0 = 0$ とすればよい．マヤ図形 L でラベル付けられるQ函数は

$$Q_L(t) = Q_{\ell_0 \cdots \ell_{2m-1}}(t) = \text{pf}(Q_{ij}(t))$$

により定義される．ここで pf はパフィアン，つまり行列式の平方根である．スペースがあまりないので詳しく述べることはできないが，Q函数は次のパフィアンの関係式を満たすのである．

$$\sum_{i=1}^{2m-1} (-1)^{i-1} Q_{\ell_0 \ell_i}(t) \cdot Q_{\ell_1 \cdots \hat{\ell_i} \cdots \ell_{2m-1}}(t) = Q_{\ell_0 \cdots \ell_{2m-1}}(t).$$

数年前に青影一哉，新川恵理子と一緒にヴィラソロ代数（Virasoro algebra）のフォック表現に関する仕事をした．ヴィラソロ代数の Q 函数に対する作用が簡明に書けるというものであるが，証明の鍵となったのがこの2次関係式である．ひとたびヴィラソロ代数との関係がわかれば，「微分プリュッカー関係式もどき」が比較的易しく示される．つまり偶数 $k \geqq 2$ を固定したとき

$$\sum_{i=1}^{2m-1} (-1)^{i-1} \left\{ \sum_{\alpha+\beta=k} \partial_\alpha Q_{\ell_0 \ell_i}(t) \cdot \partial_\beta Q_{\ell_1 \cdots \hat{\ell_i} \cdots \ell_{2m-1}}(t) \right\} = 0.$$

ここで $\{\ \}$ 内の和は $\alpha+\beta=k$ を満たす $\alpha, \beta \geqq 1$ なる奇数に渡るものとする．

佐藤幹夫の非線型可積分系，特に KP 方程式系の理論は端的に言えば「KP 方程式系はグラスマン多様体上の運動である」というものだ．その一つの現れとしてプリュッカー関係式（の左辺）に「広田の D」を代入すると「KP 方程式系の広田表示」が得られる，というものがある．『上智大学数学講究録』に入っている佐藤幹夫講義録「ソリトン方程式と普遍グラスマン多様体」（野海正俊記）[38]の一番最後に式だけ書かれている．私がプリュッカー関係式にこだわるのは広田表示の組合せ論に興味があるからだ．本講では触れることができなかったので，第 12 講は広田微分についてゆっくりとお話ししたいと思う．

連載当時，本講を書き上げてしばらくたった頃，ポーランドのピョートル・プラガッチ（Piotr Pragacz）の訃報に触れた．68 歳．シューア函数や Q 函数に関わる代数幾何の研究者として第一人者である．1998 年に来日されたときに出版されたばかりの "Schubert Varieties and Degeneracy Loci" (Springer, Lecture Notes in Mathematics, Vol. 1689) を私にくださった．まだまだ活躍していただきたかった．ご冥福をお祈りする．

広田微分の周辺

高校数学

1年ほど前に水川裕司から教えてもらった話題から始めよう．1変数函数 $f = f(x)$ の微分に関する話である．まず「微分する」という作用素を（1変数にもかかわらず）∂ と書こう．自然数 $k \geqq 0$ について $w_k = \dfrac{f^{(k)}}{f}$ とおく．ここで $f^{(k)}$ は $f(x)$ の k 階導函数 $\partial^k(f)$ を表す．早速高校数学から逸脱してしまったかも知れないがお構いなしだ．ちょっと計算してみると

$$\partial(\log f) = w_1, \qquad \partial^2(\log f) = \partial(w_1) = w_2 - w_1^2$$

がわかる．一般に $\partial^n(\log f)$ は w_k たちの多項式であることが帰納法により証明される．本書のテーマは誰が何と言おうと組合せ論であり，私の「推し」である，分割あるいはヤング図形を軸としている．だからここにも分割を持ち込む．$\lambda = (1^{m_1} 2^{m_2} \cdots)$ に対して $w_\lambda = \prod_{i \geqq 1} w_i^{m_i}$ とおくことにする．そうするとたとえば

$$\partial^3(\log f) = w_{(3)} - 3w_{(1,2)} + 2w_{(1,1,1)},$$
$$\partial^4(\log f) = w_{(4)} - 4w_{(1,3)} - 3w_{(2,2)} + 12w_{(1,1,2)} - 6w_{(1,1,1,1)}$$

となる．そこで一般に $\partial^n(\log f) = \sum_\lambda A_\lambda w_\lambda$ と書くときの係数 $A_\lambda \in \mathbb{Z}$ がどのように決定されるかを述べよう．第3講に登場したヤング束を思い出してもらいたい．

以下の図において $\mu \to \lambda$ の横に整数 β_μ^λ が貼りついている．これは次のルールで定められる量だ．λ が μ の成分 $i\ (\geqq 1)$ を $i+1$ にするとき，すなわち $m_{i+1}(\lambda) = m_{i+1}(\mu) + 1$ のときは $\beta_\mu^\lambda = m_i(\mu)$，$\lambda$ が μ に新たな成分1を付け加えるとき，すなわち $m_1(\lambda) = m_1(\mu) + 1$ のときは $\beta_\mu^\lambda = -\ell(\mu)$．ただし例外として $\beta_\emptyset^{(1)} = 1$ と定める．与えられた分割 λ に対して $\emptyset$ から図の矢印に従って λ に至る道（path）は λ の標準盤の個数だけある．

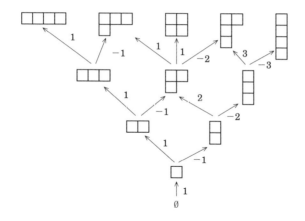

それぞれの道 P の辺に貼りついている β の積をとったものを B_P とする．たとえば

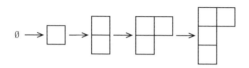

という道 P に対しては $B_P = 1 \times (-1) \times 2 \times (-2) = 4$ とするのである．このように定義しておくと

$$A_\lambda = \sum_P B_P$$

となるのだ．ここで和は $\emptyset$ から λ に至る道 P すべてを渡る．これが水川が得た公式だ．こんな高校数学の公式にヤング束を持ち出すなぞ「さすが我が弟子」と目を細める次第である．気がついてしまえば証明は簡単だ．高階微分なので帰納法を用いればよい．

もう一つ，これも帰納法で示される式を紹介する．

$$\sum_\lambda A_\lambda = 0.$$

ここで和は n の分割すべてに渡るものとする．ついでに A_λ の絶対値の和も表にしておこう（表12-1）．

オンライン整数列大事典（OEIS）では A000629 と名付けられている数列だ．

n	1	2	3	4	5	6	7	8	9	10
$\sum_\lambda \lvert A_\lambda \rvert$	1	2	6	26	150	1082	9366	94586	1091670	14174522

表12-1

つまり組合せ論的な意味のあるものであるが，それは各自考えてみられたい．

上に挙げた A_λ の公式は帰納的なもので，小さいところから順番に計算していかないと答えにたどり着かない．分割 λ から直接に計算できる式が欲しくなるところだ．そういうのをよく「閉じた公式（closed formula）」と呼ぶ．いろいろ実験してみて次のものを得た．

$$A_\lambda = (-1)^{\ell(\lambda)-1} \frac{|\lambda|!\,(\ell(\lambda)-1)!}{\prod_{i\geqq1}(i!)^{m_i}m_i!}.$$

ただし $\lambda = (1^{m_1}2^{m_2}\cdots)$，また $\ell(\lambda) = m_1+m_2+\cdots$ である．ワクワクしながら実験を繰り返したが，気がつけば証明は簡単だ．喜んで水川に連絡したところ，彼はネットで調べてくれた．ファー・ディ・ブルノ（Francesco Faa di Bruno 1825-1888）という人が 1855 年ごろ得た公式らしい．私はこの名前に馴染みがなかったが友人の野海正俊氏は学部 1 年生のときから知っていたそうだ．高木貞治の『解析概論』（岩波書店）[39]に載っているということも教えてもらった．

『乞食学生』

太宰治の短編に『乞食学生』というのがある．この掌編の存在は新井仁之氏のブログで知った．真っ裸で川で泳いでいた少年が主人公の「私」に向かってガウス，アーベル，ガロアなどの名前を「知ってるか？」と傲慢無礼に聞くのである．5 次方程式とか発散級数，楕円函数などという語も出てくる．アーベルの仕事だ．太宰は少年に「ガウスよりも，頭がよかったんだよ」と言わせている．太宰治と数学というのがなかなかのミスマッチのような気がするのだが，実は数学に興味があったのだろう．そうでなければ作品にアーベルの名前を出すことはしないだろう．

弘前大学の近所に「太宰治まなびの家」という記念館がある．太宰が旧制弘前高校の生徒だったときに下宿していた家だ．部屋の長押に太宰の「落書き」が残っている．一緒に行った川中宣明氏が見つけて教えてくれた．

$$y = \frac{u}{v}, \quad y' = \frac{u'v-v'u}{v^2}$$

と読める．数学が苦手で，覚えられないから書いたのか，あるいは自分でこの公式を発見してハミルトンのように喜んで書いたのか知らないが，なるほど商

の微分の公式は覚えにくい．最近の微分積分の教科書のほとんどは商を $\dfrac{f}{g}$ のように書いているが，私の大学1年生のときの教科書は $\dfrac{g}{f}$ だった．日本語では分母を先に言うので「f ぶんの g」の方が語呂がよい．私はいまだに分子の符号があやふやになることがある．この分子が「広田微分」なのだ．次節で説明しよう．なお本講の下書きを読んだ川中氏から，太宰治の『愛と美について』という作品を教えていただいた．数学について触れられている短編である．

広田微分

唐突だが，函数 $u = u(x, t)$ の次のような偏微分方程式を考える．

$$u_t = u_{xx} + 2uu_x.$$

ここで $u_t = \dfrac{\partial u}{\partial t}$, $u_{xx} = \dfrac{\partial^2 u}{\partial x^2}$ などである．未知函数とその偏導函数の積があるのでこれは「非線型」である．流体の方程式の一つで「バーガース方程式（Burgers equation）」と呼ばれている．非線型であるにもかかわらず，解を直接求めることができるということで有名なものだ．「コール-ホップ変換（Cole-Hopf transformation）」と呼ばれる未知函数の変換

$$u = \frac{f_x}{f} = (\log f)_x$$

を行えば，$f = f(x, t)$ に関する方程式として

$$f_t = f_{xx}$$

が導出される．これは線型の熱方程式である．つまりバーガース方程式は線型化されるのである．線型だから何もかもわかる，というわけではないが，たとえばフーリエの方法等の道具が準備されている．

バーガース方程式の x 微分の階数を一つ上げたものが有名だ．

$$u_t = u_{xxx} + 6uu_x.$$

これが「コルテヴェーク-ド・フリース方程式（Korteweg-de Vries equation）」略して「KdV」である．1834年にスコット・ラッセルが運河で観察したソリトン現象を記述するものとして1895年に提唱された微分方程式である．コール-ホップ変換では線型化されないので x でもう一度微分し，次のようにしてみる．

$$u = 2(\log f)_{xx}.$$

しかしこれでもやっぱり線型方程式にはならないのである．普通ならばここであきらめて別の方法を考えるであろう．ところが広田良吾(1932-2015)はあきらめなかった．1970年頃，彼は新たな作用素を導入したのだ．多項式 $P(x,t)$ に対して「(広田の)双線型微分作用素」$P(D_x, D_t)$ を次のように定義する．

$$P(D_x, D_t)f \bullet g = P\left(\frac{\partial}{\partial y}, \frac{\partial}{\partial s}\right)f(x+y, t+s)g(x-y, t-s)\Bigg|_{y=0, s=0}.$$

ここで $f \bullet g$ は2つの函数 $f = f(x,t)$，$g = g(x,t)$ のペアを表している．積ではないことに注意してほしい．一番簡単な例は $D_x f \bullet g = f_x g - f g_x$ である．これはまさに $\left(\dfrac{f}{g}\right)_x$ の分子だ．太宰の落書きは広田微分なのだ．一般には

$$D_x^n f \bullet g = \sum_{k=0}^{n} (-1)^k \binom{n}{k} f^{(n-k)} g^{(k)}$$

となる．「符号つきライプニッツ則」とでも言えようか．注意すべきは，広田微分は函数のペアに対して施されるが，結果は単独の函数である，ということだ．だから，普通の微分では当たり前に成立する結合法則が成り立たない，というか意味がない．

　この「広田微分」を用いて KdV 方程式を書き直してみよう．まず次のような計算をしてみる．

$$\frac{D_x^2 f \bullet f}{f^2} = 2(\log f)_{xx} = u.$$

これは簡単だった．次はどうだろうか．

$$\frac{D_x^4 f \bullet f}{f^2} = u_{xx} + 3u^2.$$

さぞかし大変だっただろう．この右辺を x でもう一度微分すると KdV の右辺になることに注意されたい．また KdV から

$$\frac{D_x D_t f \bullet f}{f^2} = u_{xx} + 3u^2$$

もわかる．したがって KdV は f に関する広田双線型微分方程式として

$$(D_x D_t - D_x^4)f \bullet f = 0$$

と書き直せるのである．

　ここまでは言ってみれば単なる式変形にすぎない．広田の真骨頂はここからだ．微小なパラメータ ε について f を展開する．すなわち

$$f = 1+\varepsilon f_1+\varepsilon^2 f_2+\cdots$$

とする. これを方程式に代入して ε^n の係数 f_n を順番に解いていくという摂動法を援用する. 普通の摂動法では順に解いていく操作が無限に続く. したがって途中で打ち切った場合, 近似解しか得られないのだが, この双線型方程式の摂動法は自動的に有限で止まるという特質がある. そのようにして KdV の「ソリトン解」と呼ばれる厳密解が手計算で求められるのである. 詳しくは広田先生の著書『直接法によるソリトンの数理』(岩波書店)[40]をご覧いただきたい. 蛇足ながら私が書評を書いている[41].

この「双線型方程式に直してから摂動法」という解法を広田先生は(書名にもあるように)「直接法(direct method)」と呼んでいる. KdV などの可積分系に関しては, それまでラックス(Peter D. Lax 1926-)などによる逆散乱法が主たる研究方法だったが, 広田の直接法は新たな切り口を提供したのである. そしてそれは 1980 年の佐藤理論へと昇華していく.

直接法の解説は上記書籍に譲り, 本講では広田微分の公式を一つ紹介するにとどめる. 双曲線函数というものをご存知だろうか. 「ハイパボリックサイン(hyperbolic sine)」などと呼ばれる初等函数である.

$$\sinh x = \frac{1}{2}(e^x-e^{-x}), \qquad \cosh x = \frac{1}{2}(e^x+e^{-x}), \qquad \tanh x = \frac{\sinh x}{\cosh x}$$

と定義される. 虚数単位 i がついていない分, マクローリン展開は見やすい. さて $f=f(x)$ を解析的な函数としよう. z をパラメータとして, $2\cosh(z\partial)\log f$ を考える. $\cosh$ のマクローリン展開から

$$2\cosh(z\partial)\log f = \sum_{n\geqq 0}\frac{z^n}{n!}\partial^n(\log f) + \sum_{n\geqq 0}\frac{(-z)^n}{n!}\partial^n(\log f)$$

$$= 2\sum_{n\geqq 0}\frac{z^{2n}}{(2n)!}\partial^{2n}(\log f) = 2\log f + \sum_{n\geqq 1}\frac{z^{2n}}{(2n)!}u_{2n-2},$$

ここで $u_{2n-2}=2\partial^{2n}(\log f)$ とおいた. KdV に出てくる u は $u_0=2\partial^2(\log f)$ である. 両辺を e の肩に乗せると

$$e^{2\cosh(z\partial)\log f} = e^{2\log f}e^{\eta(\xi, z^2)}$$

となる. ただしここで $\xi_n = \dfrac{u_{2n-2}}{(2n)!}$, また $\eta(\xi, z) = \sum_{n\geqq 1}\xi_n z^n$ とおいた. 第 10 講で述べたように

$$e^{\eta(\xi, z)} = \sum_{n\geqq 0}h_n(\xi)z^n$$

と完全対称函数 h_n を用いて展開される．したがって

$$e^{2\cosh(z\partial)\log f} = f^2 \sum_{n \geq 0} h_n(\xi) z^{2n}$$

という式が得られる．一方，

$$2\cosh(z\partial)\log f = (e^{z\partial} + e^{-z\partial})\log f$$
$$= \log f(x+z) + \log f(x-z)$$
$$= \log f(x+z)f(x-z).$$

2つ目の等号は慣れないとわかりにくいかも知れない．$e^{z\partial}$ をマクローリン展開すれば従うとだけ言っておく．これより広田微分を使って

$$e^{2\cosh(z\partial)\log f} = f(x+z)f(x-z) = e^{zD_x} f \bullet f$$

と書ける．$D_x^{2n+1} f \bullet f$ は常に 0 であることに注意されたい．右辺の z^{2n} の係数を比べることにより

$$\frac{D_x^{2n} f \bullet f}{f^2} = (2n)!\, h_n(\xi)$$

が示された．

　広田微分がシューア函数の一つである完全対称函数を用いて記述されるところが面白いと思っている．たとえば $n=1$ とすれば

$$\frac{D^2 f \bullet f}{f^2} = 2\xi_1 = u.$$

また $n=2$ とすれば

$$\frac{D^4 f \bullet f}{f^2} = 4!\left(\xi_2 + \frac{\xi_1^2}{2}\right) = u_{xx} + 3u^2$$

と計算される．こんな感じの具体的な計算は，広田氏の上記書籍[40]とか松野好雅氏の "Bilinear Transformation Method" (Academic Press)[42]などで詳しくなされている．

　広田良吾先生は私が広島大学の大学院生の頃，広島大学工学部の教授であった．工学部は今の広島大学，すなわち西条にあり，理学部の東千田町とは離れていたのだが，広田先生の姿をしばしば理学部で拝見した．京都から三輪哲二氏，神保道夫氏が来られたときには広田先生も彼らの講演を聴き，夜の会食にも付き合われたのをそのときの会話の内容ともどもよく覚えている．「怖い先生」という印象を払拭するには至らなかったが，こちらの質問にすごく丁寧に

答えてくださったのが嬉しかった.

本編を終えるにあたって

　ようやく 12 講分の本編をすべて書き終えてほっとしている. タイトルにある「組合せ論」という語から誰もが思い描く数学とは風味が異なったのではないだろうか.

　私の主な興味が表現論や可積分系に現れる組合せ論的な議論にあり, グラフ理論などのいわゆる組合せ数学ではないことが原因である. 最初の数講はヤング図形のお遊びなどで様子をうかがったのだが, だんだん遠慮がなくなった. 自分の仕事を思い出すままに書き散らかしたものもある.「私の数学」を好きなように書かせていただけて, この上ない喜びである.

　私は組合せ論を「薬味」だと考えている. それだけでは一品にならないが, 料理に絶妙な彩りを添えることで欠くことはできないものである.

　全 12 回の講義にお付き合いいただいた読者には感謝したい.

　今, 密やかな感動とともに筆を措く.

集中講義

微分作用素の分解とグラスマン多様体

はじめに

　この集中講義を「非線型微分方程式の組合せ論」と題する．1980 年ごろ佐藤幹夫らによって展開された KP 理論の易しい部分，すなわち有限次元グラスマン多様体に制限した辺りをお話ししたいと思う．

　2021 年 12 月，古巣の岡山大学でこの内容の集中講義を行った．また 2022 年2 月，九州大学で同様の話をしたのだが，このときはオンラインで同時配信もされ講義室の 20 人以外に 100 人以上が動画を視聴していたそうだ．また 2023年 9 月にモンゴル国立大学で当地の微分方程式の専門家に向けて同様の講義を行った．滞在中には予定の半分ぐらいしか話せず「また来年来てください」と言われる羽目になった．

　佐藤理論が発表されて 40 余年，随分と整理されて文献も増えてきたような気もするが，佐藤先生の講義を直に聴いた世代の一人として，ごく初期の素朴な形で残しておきたいと考え，集中講義を行ったのだ．もちろん KP 理論は無限次元グラスマン多様体の話であり，本質的に無限次元特有の難しさがあるのだが，ここでは組合せ論の論述として有限次元の易しいヴァージョンに限定して解説していきたい．トイモデルでしかないという批判は甘んじて受けることにする．KP 理論の解説としては甚だ不十分であることは重々承知している．

　2023 年 1 月 9 日，佐藤幹夫先生はその 94 年に渡る生涯を閉じられた．私は直接の指導を受けたことはないが，何度か講演や集中講義などでその謦咳に接した．どの講演でも最初は「何からお話しして良いやら」と糸口を探しながら，そして黒板の前を行ったり来たりしながら逡巡されている姿が印象的であった．ひとたびきっかけを摑むとそこからは怒濤のように言葉が迸る．その熱量に誰しも圧倒される．当然，時間内には終わらない．しかし聴衆もすっかり引き込まれて時間が経つのを忘れてしまうのである．一種のカリスマ性を持った講義

スタイルだ.

　佐藤幹夫の名前を初めて聞いたのは大学 2 年の頃だった. 学部の 2 年先輩である上野喜三雄氏が京都大学数理解析研究所の修士に進学することが決まり, 指導教授たる佐藤先生に関する話をいろいろしてくださった. 名古屋大学での集中講義「超函数と層 C をめぐって」[43]のコピーもいただいた. 何も知らない 2 年生に読めるものであるはずもなく, 宝の持ち腐れに近かった. 線型微分方程式論という主題から想像される, 評価式のようなものは書かれておらず, ホモロジー代数の記号に溢れているのにいささか戸惑いを覚えた. これが「代数解析学」との初めての出会いであった. 4 年生の頃にリー群のユニタリ表現論という数学に触れる機会があった. そういえばと思って講究録を見返してみたら最後に言及があった. 非コンパクト群の指標を通常, シュヴァルツ超函数, つまりディストリビューションとして扱っているが, これはハイパーファンクションと考えた方がスッキリするのだそうだ.

　私は 1987 年に琉球大学理学部に助手として赴いた. 佐藤夫人, 泰子さんが専任講師として在任であった. 京都と沖縄をほぼ毎週往復されていたと記憶している. 幹夫先生は数理解析研究所の所長であった. その年の秋の学会が京都大学で開催されたが, 泰子さんが教室員に「期間中に拙宅で夕食でも」と招待してくださった. ところが実際に佐藤先生のお宅にお邪魔したのは私だけだった. こういうのを若気の至りというのだろうか. 佐藤先生ご夫妻と何をお喋りしたかまったく記憶にない. やはり相当緊張していたのだろう. 夜遅く, 辞する際, 幹夫先生が「じゃあそのあたりまでちょっとお送りしましょう」とおっしゃったので非常に恐縮したことだけ覚えている.

　佐藤幹夫の数学, 特に KP 理論は私の数学を, 私の人生を大きく変えた. 本物の数学の研究を目の前で見せてくれた.「こんなにも面白く生き生きとした数学があるのだ」と教えてくれた. 感謝してもしきれない. 佐藤と同時代に生きることができた幸運を喜ぶ.

　この集中講義を佐藤幹夫へのオマージュとしたい.

微分作用素の分解

　1 時限は常微分作用素の分解から自然にグラスマン多様体が登場するという

ことを述べよう. 1984 年ごろ上智大学の小さな部屋で当時助手だった野海正俊氏から教わったことである. そのセミナーには上野喜三雄氏も参加していた. 野海氏から聴いたこの話をもとにして, 上野氏と私は後に KP 方程式系のスーパー化を考えることになったのだが, それはまた別の機会に.

まずは 1 変数函数 $w = w(x)$ についての簡単な微分方程式を見る. この例も野海氏が挙げたものである.

$$w' = w^2. \tag{E1}$$

私はこのような変数分離形は高校時代に習った気がするのだが, 記憶違いかも知れない. いずれにしても簡単に解けて

$$w = -\frac{1}{x+c}$$

と定数 c を含む一般解が求められる. $w = 0$ も解だが, これは $c = \infty$ と思えば一般解に含まれる. したがって解全体は $\mathbb{C} \cup \{\infty\}$ というリーマン球面, あるいは 1 次元射影空間 $\mathbb{P}^1$ と同一視ができる. 線型方程式であれば解空間は真っ直ぐなものだが, これは非線型なので曲がった空間になる. まだるっこしいかも知れないが別の解き方を述べよう. 未知函数(従属変数)の変換を行う.

$$w = -\frac{f'}{f} = -(\log f)' \tag{$*$}$$

そうすると方程式(E1)は $f'' = 0$ となり, $f = ax + b \ (a, b \in \mathbb{C})$ がわかる. これより

$$w = -\frac{a}{ax+b} \qquad ((a, b) \in \mathbb{C}^2 \setminus \{(0, 0)\})$$

である. ここで $(a, b) \mapsto (\lambda a, \lambda b) \ (\lambda \neq 0)$ としても w は変わらないから, 結局, 解の全体は

$$(\mathbb{C}^2 \setminus \{(0, 0)\}) / \mathbb{C}^\times = \mathbb{P}^1$$

となり, 再び射影空間が登場する. このような手続きを一般に「線型化」という. つまり非線型方程式をある種の変換により線型方程式に直して「それだったら解けるよ」という形にもっていくことである. 今の場合の変換(*)は「コール-ホップ変換」と呼ばれている.

もう一つ, ちょっとだけ一般化された例を見てみよう.

$$w' = p + qw + w^2$$

ここで p, q は x の函数である．w^2 に係数 r をつけても良いが，適当な変数変換により $r = 1$ と正規化しても一般性を失わない．これはリッカチ型方程式と呼ばれるもので，求積法では一般に解けないと教わるものだ．教科書には，1 つの特殊解 w_0 が見つかれば $v = w - w_0$ に関するベルヌイ型に変身し，求積法で一般解に到達できる，と書かれている．リッカチに対してもコール–ホップ変換を施してみよう．そうすると

$$f'' - qf' + pf = 0$$

という 2 階線型微分方程式になる．つまり線型化される．ただしこれが常に簡単に解けるわけではないことはご存知の通りである．この線型方程式の解の基本系を $\{\phi_0, \phi_1\}$ とするならば，上のリッカチ型方程式の解は

$$w = -\frac{a\phi_0' + b\phi_1'}{a\phi_0 + b\phi_1}$$

となるのである．だから解の全体は任意定数の組 (a, b) の空間，すなわち 1 次元射影空間と同一視できる．私は現役の大学教員時代，何度か学部生の微分方程式の講義を担当したことがある．求積法だけでなく線型常微分方程式のロンスキ行列式，コーシーの存在定理，リプシッツ条件など内容は盛りだくさんなのだが，どうしてもリッカチで時間を費やしてしまい，なかなか予定のゴールまでたどり着けなかった．

代数的な枠組み

さてロンスキ行列式の理論はある程度代数的な枠組みで展開できることを見ていこう．以下記号をいくつか準備する．$\mathcal{K}$ を標数 0 の体であり，次の性質を満たす加法的な写像 $\partial : \mathcal{K} \longrightarrow \mathcal{K}$ を具備するものとする．

$$\partial(fg) = \partial(f)g + f\partial(g) \qquad (f, g \in \mathcal{K}).$$

このような $\mathcal{K} = (\mathcal{K}, \partial)$ を微分体，あるいは函数体と呼ぶ．$\partial(x) = 1$ となる $x \in \mathcal{K}$ を固定すれば，∂ は変数 x に関する微分にほかならない．そこで $f' = \partial(f)$ とか $f^{(k)} = \partial^k(f)$ という記号も用いる．

$$\mathcal{C} = \{c \in \mathcal{K}; c' = 0\}$$

は $\mathcal{K}$ の部分体であることがすぐにわかる．これを定数体と呼ぼう．明らかに ∂ は $\mathcal{C}$-線型である．微分体の例としては $\mathcal{K} = \mathbb{C}(x)$ という有理函数体がまず

挙げられるが，微分方程式を扱うにはこの体は小さすぎる．この体の適当な拡大体でせめて e^x を含んでいるようなところで考えたい．

微分作用素とは

$$P = \sum_{j=0}^{n} p_j \partial^{n-j} \qquad (p_j \in \mathcal{K})$$

という形のものである．微分作用素の全体を $\mathcal{D}$ と書く．

$$\mathcal{D} = \left\{ P = \sum_{j=0}^{n} p_j \partial^{n-j};\ n \geqq 0,\ p_j \in \mathcal{K} \right\}.$$

この $\mathcal{D}$ は次で定義される積により環の構造を持つので「微分作用素環」と呼ばれる．

$$\partial^n \cdot f = \sum_{k \geqq 0} \binom{n}{k} f^{(k)} \partial^{n-k} \qquad (f \in \mathcal{K})$$

意味を説明しよう．微分作用素 P, Q を掛け合わせると $p\partial^n \cdot q\partial^m$ という項が現れる．このままでは微分作用素にならないので「正規順序」にするために上の式が必要になるのだ．大学1年生で習う高階微分のライプニッツ則そのものである．また右辺は無限和のように見えるが $k > n$ に対しては $\binom{n}{k} = 0$ なので心配はない．最高階の係数が1である微分作用素を「モニック」という．多項式の場合の用語をそのまま使う．日本語では何と言うのだろう．

$$\mathcal{D}^{mon}(n) = \left\{ P = \partial^n + \sum_{j=1}^{n} p_j \partial^{n-j} \right\}$$

と書く．さて $P \in \mathcal{D}^{mon}(n)$ が $(\mathcal{K}\text{-})$ 可解であるとは，微分方程式 $Pu = 0$ の解全体 $\operatorname{Ker} P$ が n 次元の $\mathbb{C}$ ベクトル空間であることと定義される．斉次線型微分方程式であるから解の全体がベクトル空間を成すことは当然だ．そしてその次元が P の階数を超えないこともわかる．可解とは次元がちょうど階数 n に等しいことをいうのだ．もちろん $\mathcal{K}$ による．たとえば $\mathcal{K} = \mathbb{C}(x)$ であれば $P = \partial - 1$ は可解ではない．「不可解」と言うべきか．可解性に関しては次の補題が基本的である．

●補題 I-1

$P \in \mathcal{D}^{mon}(m+n)$ が可解であるとする．もし，

$$P = ZW \qquad (Z \in \mathcal{D}^{mon}(m),\ W \in \mathcal{D}^{mon}(n))$$

と微分作用素の積に書かれるならば Z, W はともに可解である．

証明は簡単だ．つぎのベクトル空間の完全系列を考えればよい．
$$0 \longrightarrow \operatorname{Ker} W \xrightarrow{\text{id}} \operatorname{Ker} P \xrightarrow{W} \operatorname{Ker} Z.$$
これより
$$\dim(\operatorname{Ker} P) \leqq \dim(\operatorname{Ker} W) + \dim(\operatorname{Ker} Z).$$
ところが $\dim(\operatorname{Ker} P) = m + n$ であるから $\dim(\operatorname{Ker} Z) = m,\ \dim(\operatorname{Ker} W) = n$ でなければならない．

逆問題

さて線型常微分作用素の核がベクトル空間であることは当たり前であったが，ここで逆問題を考えよう．$\mathcal{K}$ 内に $\mathcal{C}$ 上 N 次元のベクトル空間 V がその基底とともに与えられたとき，$\operatorname{Ker} P = V$ となるような微分作用素 $P \in \mathcal{D}^{mon}(N)$ を見つけよ，という問題である．すぐに答えを書いてしまいたいが若干の準備がいる．

●補題 I–2 ─────────────────────────────

$\phi_0, \cdots, \phi_{N-1} \in \mathcal{K}$ について次は同値．

（1）　$\phi_0, \cdots, \phi_{N-1}$ は $\mathcal{C}$ 上一次従属．

（2）　$\det(\phi_j^{(i)})_{0 \leqq i, j < N} = 0$．

(2)の式の意味は（函数のなす）N 本のベクトル $(\phi_0^{(i)})_i, \cdots, (\phi_{N-1}^{(i)})_i$ が $\mathcal{K}$ 上一次従属ということである．だから(1)から(2)は明らかだ．この補題の主眼は(2)から(1)が従うところにある．つまり $\mathcal{K}$ 上一次独立ということから $\mathcal{C}$ 上一次独立が出るということだ．

(2)から(1)を示そう．仮定から
$$\begin{bmatrix} \phi_0 & \cdots & \phi_{N-1} \\ \cdots & \cdots & \cdots \\ \cdots & \cdots & \cdots \\ \phi_0^{(N-1)} & \cdots & \phi_{N-1}^{(N-1)} \end{bmatrix} \begin{bmatrix} f_0 \\ \cdots \\ \cdots \\ f_{N-1} \end{bmatrix} = 0$$
なる 0 でないベクトル ${}^t(f_0, \cdots, f_{N-1}) \in \mathcal{K}^N$ が存在する．示すべきはこれが定数ベクトルとして取れる，ということである．この行列の式をあからさまに書け

ば

$$\sum_{j=0}^{N-1} \phi_j^{(i)} f_j = 0 \qquad (0 \le i < N)$$

である．これを微分すれば

$$\sum_{j=0}^{N-1} \phi_j^{(i+1)} f_j + \sum_{j=0}^{N-1} \phi_j^{(i)} f_j' = 0 \qquad (0 \le i < N)$$

となるが，もとの式から

$$\sum_{j=0}^{N-1} \phi_j^{(i)} f_j' = 0 \qquad (0 \le i < N-1)$$

がわかる．ここでちょっと工夫をする．

$$\det(\phi_j^{(i)})_{0 \le i,j < N-1} \ne 0$$

を仮定してよい．問題の行列の首座小行列式を小さいところから順に見ていって，最初に行列式の値が 0 になるのがサイズ N と仮定してよいということだ．証明においてこういう議論が無理なくできれば数学徒の資格があると言えよう．この仮定から $f_{N-1} \ne 0$ が出る．そこでもともとの ${}^t(f_0, \cdots, f_{N-1})$ を f_{N-1} で割っておいて初めから $f_{N-1} = 1$ としてよい．したがって $f_{N-1}' = 0$ だ．されば

$$\sum_{j=0}^{N-2} \phi_j^{(i)} f_j' = 0 \qquad (0 \le i < N-1)$$

となる．ところがこの方程式の係数行列式が 0 でないという仮定から結局 $f_j' = 0 \ (0 \le j < N-1)$ がわかった． □

(2) の行列式をロンスキ行列式と呼ぶのはご存知だろう．さて $\{\phi_0, \cdots, \phi_{N-1}\}$ を V の基底としよう．補題 I-2 より $\phi \in V$ と

$$\begin{vmatrix} \phi_0 & \cdots & \phi_{N-1} & \phi \\ \phi_0' & \cdots & \phi_{N-1}' & \phi' \\ \cdots & \cdots & \cdots & \cdots \\ \cdots & \cdots & \cdots & \cdots \\ \phi_0^{(N)} & \cdots & \phi_{N-1}^{(N)} & \phi^{(N)} \end{vmatrix} = 0$$

は同値である．この行列式を最後の列でラプラス展開（余因子展開）すると

$$\sum_{i=0}^{N} (-1)^i \xi_{01\cdots\widehat{N-i}\cdots N} \phi^{(N-i)} = 0$$

が出る．ここで

$$\xi_{01\cdots\widehat{N-i}\cdots N} = \begin{vmatrix} \phi_0 & \cdots & \phi_{N-1} \\ \cdots & \cdots & \cdots \\ \phi_0^{(N-i-1)} & \cdots & \phi_{N-1}^{(N-i-1)} \\ \phi_0^{(N-i+1)} & \cdots & \phi_{N-1}^{(N-i+1)} \\ \cdots & \cdots & \cdots \\ \phi_0^{(N)} & \cdots & \phi_{N-1}^{(N)} \end{vmatrix}$$

とおいた.特に $\xi_{01\cdots N-1} \neq 0$ なので上の式をこれで割ることにより

$$\left\{ \sum_{i=0}^{N} (-1)^i \frac{\xi_{01\cdots\widehat{N-i}\cdots N}}{\xi_{01\cdots N-1}} \partial^{N-i} \right\} \phi = 0$$

となる.中括弧の中を $P \in \mathscr{D}^{mon}(N)$ とすれば $\operatorname{Ker} P = V$ がわかり,逆問題が解けたことになる.この P は V のみに依存し V の基底の取り方にはよらない.そこで $P = W_V$ と書いて,これを V のロンスキ作用素と呼ぶ.

グラスマン多様体

　以上を踏まえれば微分作用素の分解とグラスマン多様体の関係が明らかになる.

●定理 I-3 —————————

　N 階のモニック可解作用素 P の核を V とする.このとき $n = 0, 1, \cdots, N$ に対して,次の 2 つの集合の間に全単射が存在する.

$$\{ U \subset V \,;\, \dim U = n \} \longleftrightarrow \{ W \in \mathscr{D}^{mon}(n) \,;\, P \in \mathscr{D}W \}.$$

　左辺の集合がグラスマン多様体である.今後は $GM(n, V)$ あるいは $GM(n, N)$ と書くことにしよう.また右辺の条件式 $P \in \mathscr{D}W$ は $P = ZW (Z \in \mathscr{D})$ と分解することを意味する.定理の証明は自然にできる.U という V の n 次元部分空間に対してそのロンスキ作用素 $W = W_U \in \mathscr{D}^{mon}(n)$ を考える.P を W で割り算する.多項式の場合と同様に

$$P = ZW + R$$

と余りが出る割り算ができる.ここで余り R の階数は n よりも真に小さい.P および W はもちろん U を消す.したがって R も U を消さねばならぬが,階

数よりも次元の方が大きい．ということは R は微分作用素として 0 でなければならない．つまり $P = ZW$ なのだ．逆向きの対応は W に対して $U = \mathrm{Ker}\, W$ とすればよい．P の因子として W は可解なので $\dim U = n$ が出る．

例をあげよう．$P = \partial^2$ とする．$V = \mathrm{Ker}\, P = \mathscr{C} \oplus \mathscr{C}x$ である．$Z = \partial + v$, $W = \partial + w$ として $P = ZW$ という分解を考える．実際に計算してみると

$$\begin{aligned}
\partial^2 &= (\partial + v)(\partial + w) \\
&= \partial^2 + \partial w + v\partial + vw \\
&= \partial^2 + w' + w\partial + v\partial + vw.
\end{aligned}$$

∂ の係数を比べて $v = -w$，これを ∂^0 の係数に代入して，微分方程式 $w' - w^2 = 0$ が出る．つまり $P = ZW$ と分解するという条件が W の係数 w に対する微分方程式となって実現されるのだ．W の全体は，取りも直さず係数 w の全体だから，結局微分方程式の解の全体ということになる．定理からこれがグラスマン多様体を形成するのだ．今の例では 2 次元空間 V の 1 次元部分空間全体，すなわち $GM(1,2) = \mathbb{P}^1$ なのだ．

この例は簡単すぎる，という向きには次の例をお見せしよう．$P = \partial^2 - q\partial + p \in \mathscr{D}^{mon}(2)$ とし，$V = \mathrm{Ker}\, P$ とおく．先ほどと同じように $Z = \partial + v$, $W = \partial + w$ として $P = ZW$ という分解を考えれば，同様の計算で $w' = p + qw + w^2$ というリッカチ方程式が導出される．定理の意味を理解する助けになると思うので，ぜひご自身で計算されることをお勧めする．

射影空間ではない「本物」のグラスマン多様体を見たければ，たとえば $P = \partial^4$, $Z = \partial^2 + v_1 \partial + v_2$, $W = \partial^2 + w_1 \partial + w_2$ として $P = ZW$ を計算してみればよい．右辺の ∂^3 の係数から $v_1 = -w_1$，∂^2 の係数から $v_2 = w_1^2 - 2w_1' - w_2$ という関係式が得られ，∂ および ∂^0 の係数から連立微分方程式

$$\begin{cases}
w_1'' + 2w_2' - 3w_1' w_1 - 2w_1 w_2 + w_1^3 = 0 \\
w_2'' - w_1 w_2' - 2w_1' w_2 + w_1^2 w_2 - w_2^2 = 0
\end{cases}$$

が現れる．解全体がグラスマン多様体 $GM(2,4)$ をなすのである．

解の表示

微分作用素の分解からグラスマン多様体を解空間（「解空間」という語は適切

ではないだろう．解の「モジュライ空間」とでも言うべきか)に持つ微分方程式の同種はわかった．それでは解はどのように表示されるだろうか．$P \in \mathcal{D}^{mon}(N)$ の核 $V = \operatorname{Ker} P$ を入れ物とするグラスマン多様体 $GM(n, V)$ が舞台であった．いま V の基底を $\{\phi_0, \cdots, \phi_{N-1}\}$ とする．部分空間 $U \in GM(n, V)$ の基底を $\{\psi_0, \cdots, \psi_{n-1}\}$ とすれば，定数行列 $\Xi = (z_{ij})_{0 \leq i < N, 0 \leq j < n}$ を用いて

$$(\psi_0, \cdots, \psi_{n-1}) = (\phi_0, \cdots, \phi_{N-1})\Xi$$

と書ける．ここで $\{\psi_0, \cdots, \psi_{n-1}\}$ の一次独立性から Ξ のランクは n でなければならない．このような $N \times n$ の定数行列で，ランクが n であるものを「フレーム」と呼び，その全体を $FR(N, n)$ で表す．ここには一般線型群 $GL(n, \mathscr{C})$ が右からの掛け算という形で作用する．これは U の基底の変換を引き起こす．つまりグラスマン多様体は等質空間として表されるのである．

$$GM(n, N) \cong FR(N, n)/GL(n, \mathscr{C}).$$

V および U の基底から行列を作る．

$$\Phi = (\phi_j^{(i)})_{0 \leq i < N, 0 \leq j < n}, \qquad \Psi = (\psi_j^{(i)})_{0 \leq i, j < n}$$

これらをロンスキ行列と呼ぶのは自然であろう．もちろん $\Psi = \Phi \Xi$ という関係がある．さて U に対応する微分作用素 $W = \sum_{i=0}^{n} w_i \partial^{n-i}$ は前に述べたように U のロンスキ作用素である．つまり W の係数 w_i は Ψ の余因子を使って書けたのだ．

$$w_i = (-1)^i \frac{\xi_{01\cdots \widehat{n-i}\cdots n}(\Psi)}{\xi_{01\cdots n-1}(\Psi)} \qquad (0 \leq i \leq n)$$

これはすなわち微分作用素の分解から生ずる微分方程式の解の表示そのものではないか．各 w_i について共通の分母

$$\xi_{01\cdots n-1}(\Psi)$$

を「タウ函数」と呼び $\tau = \tau(\Xi)$ と書くことにする．行列式の微分の公式により

$$\tau' = \xi_{01\cdots \widehat{n-1}n}(\Psi)$$

がわかる．したがって

$$w_1 = -\frac{\tau'}{\tau}.$$

このようにしてコール-ホップ変換(*)が自然に登場するのだ．簡単なことではあるが，この事実を目の当たりにして私は心の底から感動した．

時間発展

グラスマン多様体上の運動

本節では $P = \partial^N$ の場合を考察する. $N-1$ 個のパラメータ $t = (t_1, \cdots, t_{N-1})$ を導入し, これらを時間変数と考えてグラスマン多様体上の時間経過による運動を考えよう, というわけである. $P = ZW$ と分解したとき, W の係数たちが発展方程式を満たし, それがグラスマン多様体上の運動を記述するのだ. $P = \partial^N$ の核 V は $N-1$ 次以下の多項式全体だ. この基底を

$$\left\{ \phi_j = \frac{x^j}{j!} ; 0 \le j < N \right\}$$

としよう. またこの基底のロンスキ行列を $\Phi = (\phi_j^{(i)})_{0 \le i, j < N}$ とする. 簡単にわかることだが $\Phi = e^{x\Lambda}$ と書ける. ただし $\Lambda = (\delta_{i+1, j})_{0 \le i, j < N}$ である. シフト行列と呼ばれるものだ. $\Lambda^N = 0$ であることに注意する. 本来の KP 理論は $N = \infty$ に相当するのだが, このままでは定式化できない. 何度も言うようにこの集中講義では「有限次元版」を紹介している. グラスマン多様体 $GM(n, V)$ の点 U の基底はフレーム $\Xi \in FR(N, n)$ を用いて

$$(\phi_0, \cdots, \phi_{n-1}) = (\phi_0, \cdots, \phi_{N-1})\Xi$$

と書ける. 例によってロンスキ行列を $\Psi = \Phi\Xi$ とする. フレーム Ξ の「時間発展」を次で定義する. つまりグラスマン多様体の側で先に運動を決めてしまおう, というわけだ. 佐藤先生は「グラスマン多様体上の直線運動」と呼んでいた.

$$\Xi \mapsto e^{t_1\Lambda + t_2\Lambda^2 + \cdots + t_{N-1}\Lambda^{N-1}}\Xi = \Phi(t)\Xi.$$

ここで

$$\Phi(t) = e^{t_1\Lambda + t_2\Lambda^2 + \cdots + t_{N-1}\Lambda^{N-1}}$$

と書いた. また

$$\Psi(t) = \Phi\Phi(t)\Xi$$

とするのだが，ここで一言注意する.

$$\Phi\Phi(t) = e^{(x+t_1)\Lambda + t_2\Lambda^2 + \cdots + t_{N-1}\Lambda^{N-1}}$$

となる．これは理論において変数は常に $x+t_1$ という形で入り込んでいること
を意味する．そこで今後は x と t_1 を同一視しよう．x も t_1 もどちらも用いる
が函数の中での役割は同じということだ．そこで簡単に $\Psi(t) = \Phi(t)\Xi$ とす
る．V の部分空間 U に対応するロンスキ作用素 $W = \sum_{j=0}^{n} w_j \partial^{n-j} \in \mathcal{D}^{mon}(n)$ は
もちろん $W\psi_j = 0$ を満たすが，この方程式を次のように書き直そう.

$$(w_n, w_{n-1}, \cdots, w_1, 1, 0, \cdots, 0)\Psi(t) = 0.$$

左辺の横ベクトルのサイズは N であることは言うまでもない．両辺を
$t_k \, (1 \leq k < N)$ で微分する.

$$0 = \frac{\partial}{\partial t_k}\{(w_n, w_{n-1}, \cdots, w_1, 1, 0, \cdots, 0)\Psi(t)\}$$

$$= \left(\frac{\partial w_n}{\partial t_k}, \cdots, \frac{\partial w_1}{\partial t_k}, 0, \cdots, 0\right)\Psi(t) + (w_n, \cdots, w_1, 1, 0, \cdots, 0)\frac{\partial \Psi(t)}{\partial t_k}$$

$$= \left(\frac{\partial w_n}{\partial t_k}, \cdots, \frac{\partial w_1}{\partial t_k}, 0, \cdots, 0\right)\Psi(t) + (w_n, \cdots, w_1, 1, 0, \cdots, 0)\Lambda^k\Psi(t)$$

$$= \left\{\left(\frac{\partial w_n}{\partial t_k}, \cdots, \frac{\partial w_1}{\partial t_k}, 0, \cdots, 0\right) + (0, \cdots, 0, w_n, \cdots, w_1, 1, 0, \cdots, 0)\right\}\Psi(t).$$

結局

$$\left(\frac{\partial W}{\partial t_k} + W\partial^k\right)\psi_j = 0$$

がわかった．つまり

$$\frac{\partial W}{\partial t_k} + W\partial^k \in \mathcal{D}^{mon}(n+k)$$

は $U = \operatorname{Ker} W$ を消すのである．ということは，この微分作用素はロンスキ作
用素 W で割り切れる．つまりある微分作用素 B_k があって

$$\frac{\partial W}{\partial t_k} = B_k W - W\partial^k \tag{S}$$

となるのだ．これが W の係数 w_j の時間発展を記述する発展方程式である．た
だ B_k については存在が保証されているだけで，その具体形はまだわからない．
それでは困るので，B_k を計算するため少し道具を準備しよう.

擬微分作用素

微分作用素の全体 $\mathcal{D}$ はライプニッツ則により環の構造を持つのであった. この環を次のように拡大する.

$$\mathcal{E} = \mathcal{D}[[\partial^{-1}]]$$

代数学で使われる形式的冪級数の記号を踏襲した. ここの元は

$$\sum_{j=0}^{\infty} p_j \partial^{n-j} \qquad (p_j \in \mathcal{K})$$

と書ける. こういうのを「擬微分作用素」と呼ぶ. 最高階は有限の $n \in \mathbb{Z}$ であるが, ∂^{n-j} ($j \geqq 0$) が無限に続くことも許すのだ. そもそも ∂^{-1} って何? という疑問はもっともだ. これは $\partial \partial^{-1} = \partial^{-1} \partial = 1$ を満たす元と考えればよい. 「函数に作用する」と思うと「積分か」と考えたくなるが, これは作用素ではなく単なるシンボルだと思って欲しい. 環構造の前に断っておくが, $\mathcal{K}$ は $\mathcal{E}$ 加群とは考えないのだ. $\mathcal{E}$ の環構造はやはりライプニッツ則で入れる.

$$\partial^n \cdot p = \sum_{k=0}^{\infty} \binom{n}{k} p^{(k)} \partial^{n-k}$$

ここで二項係数

$$\binom{n}{k} = \frac{n(n-1)\cdots(n-k+1)}{k!}$$

は n が負の整数でも意味を持つ. たとえば

$$\binom{-1}{k} = \frac{(-1)(-2)\cdots(-k)}{k!} = (-1)^k$$

である. したがって

$$\partial^{-1} \cdot p = \sum_{j=0}^{\infty} (-1)^k p^{(k)} \partial^{-1-k}$$

となるのだ. このように積を定義すれば $\mathcal{E}^{mon}(n)$ の元は $\mathcal{E}^{mon}(-n)$ に逆元を持つ. 特に $\mathcal{E}^{mon}(0)$ は群であることがわかる. (S) の両辺に右から $W^{-1} \in \mathcal{E}^{mon}(-n)$ を掛ければ

$$\frac{\partial W}{\partial t_k} W^{-1} = B_k - W \partial^k W^{-1}$$

となる. 左辺は $\mathcal{E}(-1)$ の元, また右辺第2項は $\mathcal{E}(k)$ の元である. B_k は微分作用素である. つまり ∂ の負冪の項はない. したがって結局

$$B_k = (W\partial^k W^{-1})_+$$

となる．ここで擬微分作用素 P に対して，∂ の負冪の項を捨て去った，つまり 0 にした微分作用素を $(P)_+$ で表した．以上でグラスマン多様体上の運動が次の発展方程式で記述されることがわかった．この形式を村瀬元彦氏にしたがって「佐藤方程式」と呼ぶ．

$$\frac{\partial W}{\partial t_k} = B_k W - W\partial^k$$

$$B_k = (W\partial^k W^{-1})_+ \qquad (k = 1, 2, \cdots, N-1)$$

ちょっとだけ計算をお見せしよう．$W = \sum_j w_j \partial^{n-j}$ に対して

$$W^{-1} = \partial^{-n} - w_1 \partial^{-n-1} + (-w_2 + w_1^2 + nw_1')\partial^{-n-2} + \cdots$$

であることをまず確認して欲しい．結構面倒だと思う．これより

$$B_1 = \partial,$$
$$B_2 = \partial^2 - 2w_1',$$
$$B_3 = \partial^3 - 3w_1'\partial - 3w_2' + 3w_1 w_1' - 3w_1''$$

などと計算される．$k = 1$ の方程式から

$$\frac{\partial W}{\partial t_1} = \partial(W)$$

が得られ，これからも x と t_1 を同一視する必然性が出る．$k = 2$ とすれば $j \geq 1$ に対して

$$\frac{\partial w_j}{\partial t_2} = w_j'' + 2w_{j+1}' - 2w_1' w_j$$

という非線型発展方程式が登場する．

ラックス表示

ラックス(Peter Lax)というハンガリー生まれのアメリカ人解析学者がいる．1926 年生まれというからかなりの高齢だ．ラックス-フィリップスの散乱理論，楕円型方程式に関するラックス-ミルグラムの定理などがつとに有名である．そのラックスの名を冠した定式化を述べよう．$L = W\partial W^{-1} \in \mathcal{E}^{mon}(1)$ を考える．こうすると $B_k = (L^k)_+$ となる．L の時間発展は次のように計算される．

$$\frac{\partial L}{\partial t_k} = \frac{\partial W}{\partial t_k}\partial W^{-1} + W\partial \frac{\partial W^{-1}}{\partial t_k}$$

$$= (B_kW - W\partial^k)\partial W^{-1} + W\partial\left(-W^{-1}\frac{\partial W}{\partial t_k}W^{-1}\right)$$

$$= (B_kW - W\partial^k)\partial W^{-1} - W\partial W^{-1}(B_kW - W\partial^k)W^{-1}$$

$$= B_kL - W\partial^{k+1}W^{-1} - LB_k + W\partial^{k+1}W^{-1}$$

$$= B_kL - LB_k$$

最後の交換子を $[B_k, L]$ と書くのはいつものことだ. つまり佐藤方程式の W から L を定義すれば, その発展方程式は次のようになる.

$$\frac{\partial L}{\partial t_k} = [B_k, L]$$

$$B_k = (L^k)_+ \qquad (k = 1, 2, \cdots, N-1)$$

これを「ラックス表示」とか「ラックス形式」と呼ぶ. ラックスはこの形式を逆散乱法と結びつけたのだ. 歴史的にはラックスの発見は 1968 年なので佐藤よりも古い. というよりも, 佐藤はラックス形式を知っていて, より根源的な W に至った, という言い方が正しいだろう. KdV 方程式のラックス形式については この集中講義の 4 時限に詳しく取り上げようと思う.

いまさらだが, 今ここで紹介している方程式を「KP 方程式系」とか「KP 階層」と呼ぶ. 英語では Kadomtsev-Petviashvili hierarchy だ. ヒエラルキー(佐藤先生は英語で正しく「ハイアラーキー」と発音されていた)とは連立方程式とは若干ニュアンスが異なり,「高次の」互いに可換な時間方向への発展方程式の集まり, といった感じである. ヒエラルキーという語はラックスが使い始めた, と私は長いこと信じていたが, 今回ラックスの論文の中にこの語を見つけることはできなかった. やっぱり佐藤先生の発案なのかな, と思って大山陽介氏に問い合わせた. 大山氏によれば 1976 年の P. Caudrey たちの論文のタイトルが "A new hierarchy of Korteweg-de Vries equations" だそうだ. つまり佐藤よりも前からこの語は使われていたのだ.

何度も言うが本来の KP 方程式系は無限個の時間変数に対する無限連立方程式系であり, 対応するグラスマン多様体も無限次元なのだ. いまではそのグラスマン多様体は(佐藤の)「普遍グラスマン多様体」と呼ばれている. ここで紹介しているのはあくまでも有限次元のおもちゃであるが, KP 方程式系の代数的, 組合せ論的本質には届いているものと思う. 上野喜三雄氏はこれを「グラスマン方程式系」と呼んだが, やや直截すぎる. もう少し気の利いたネーミン

グが欲しかった．ちなみに私の学位論文のタイトルは "Super Grassmann hier-
archies" だ．

閑話休題．

$$L = \sum_{j=0}^{\infty} u_j \partial^{1-j}$$

とおけば W の係数を用いて $u_0 = 1$, $u_1 = 0$, $u_2 = -w_1'$ 等がわかる．一つだけ
$[B_k, L] \in \mathcal{E}(0)$ であることを注意する．実際 $L^k = B_k + B_k^C$ と分けて書けば

$$0 = [L^k, L] = [B_k, L] + [B_k^C, L].$$

ところが $[B_k^C, L] \in \mathcal{E}(0)$ である．

L の係数 u_j を使って B_k を書いてみれば

$$B_1 = \partial,$$
$$B_2 = \partial^2 + 2u_2,$$
$$B_3 = \partial^3 + 3u_2\partial + 3u_{2,xx} + 3u_3$$

となる．お好きな方はもっと先まで計算されたらよいだろう．ある程度計算し
て感覚が掴めたらあとは計算機にでも任せればよい．私は手計算にこだわるが，
それは計算機が苦手だからだ．さてラックス方程式をいくつか書いてみる．

$$\frac{\partial u_2}{\partial t_2} = u_{2,xx} + 2u_{3,x},$$

$$\frac{\partial u_3}{\partial t_2} = u_{3,xx} + 2u_{4,x} + 2u_2 u_{2,x},$$

$$\frac{\partial u_2}{\partial t_3} = u_{2,xxx} + 3u_{3,xx} + 3u_{4,x} + 6u_2 u_{2,x}$$

など無数に方程式が出てくるのである．この 3 本の方程式から u_3, u_4 を消去す
ることができ，u_2 だけの方程式が導出される．単純計算だが私はずいぶん手間
取ったことを告白する．従属変数を $u = u_2$，独立変数を $y = t_2$, $t = t_3$ と書き
直すと結果は次のようになる．

$$(4u_t - 12uu_x - u_{xxx})_x - 3u_{yy} = 0.$$

これが KP 方程式である．2 次元 KdV 方程式とも呼ばれる．もし未知函数
（ポテンシャル函数）u が y によらないならば全体を x で 1 回積分して，

$$u_t = \frac{1}{4}u_{xxx} + 3uu_x$$

という KdV 方程式になる．Korteweg-de Vries. オランダの物理学者 2 名コ

ルトヴェーグとド・フリースの名前を冠した超有名な方程式だ．ド・フリースはコルトヴェーグの弟子らしい．浅瀬の波を記述するもので 1895 年に提出されたものだ．スコットラッセル卿によるソリトンの発見から約 60 年後のことであった．

先ほど「互いに可換な時間発展」と書いた．可換性は次の「整合性」として表される．任意の n, m に対し

$$\frac{\partial}{\partial t_m}\left(\frac{\partial L}{\partial t_n}\right) = \frac{\partial}{\partial t_n}\left(\frac{\partial L}{\partial t_m}\right).$$

ラックス方程式を使ってこの整合性を少し書き直してみる．

$$\frac{\partial}{\partial t_m}\left(\frac{\partial L}{\partial t_n}\right) = \frac{\partial}{\partial t_m}[B_n, L] = \frac{\partial}{\partial t_m}(B_n L - L B_n)$$

$$= \left(\frac{\partial B_n}{\partial t_m}L + B_n\frac{\partial L}{\partial t_m}\right) - \left(\frac{\partial L}{\partial t_m}B_n + L\frac{\partial B_n}{\partial t_m}\right)$$

$$= \frac{\partial B_n}{\partial t_m}L + B_n[B_m, L] - [B_m, L]B_n - L\frac{\partial B_n}{\partial t_m}$$

$$= \frac{\partial B_n}{\partial t_m}L - L\frac{\partial B_n}{\partial t_m} + [B_n, [B_m, L]]$$

したがって整合性は

$$\left(\frac{\partial B_n}{\partial t_m}L - L\frac{\partial B_n}{\partial t_m} + [B_n, [B_m, L]]\right) - \left(\frac{\partial B_m}{\partial t_n}L - L\frac{\partial B_m}{\partial t_n} + [B_m, [B_n, L]]\right)$$

$$= \left[\frac{\partial B_m}{\partial t_n} - \frac{\partial B_n}{\partial t_m} + [B_m, B_n], L\right] = 0$$

という式で表される．ヤコビ恒等式を用いたことを注意しておく．ブラケットの中身が 0 ならば整合的である．つまり十分条件として

$$\frac{\partial B_m}{\partial t_n} - \frac{\partial B_n}{\partial t_m} + [B_m, B_n] = 0$$

という意味ありげな式が出てくる．m と n が混乱してしまうので，次のように覚えればよい．

$$\left[\frac{\partial}{\partial t_m} - B_m, \frac{\partial}{\partial t_n} - B_n\right] = 0.$$

これは「ザハロフ–シャバト方程式」と呼ばれるものだ．詳しくは述べないが，ラックス方程式と同値なのである．Vladimir E. Zakharov (1939-2023) と Alexey B. Shabat (1937-2000)，2 人ともロシア生まれの数理物理学者である．

佐藤方程式の解とタウ函数

　佐藤のロンスキ作用素 W に戻って今度は解について考えてみよう．グラスマン多様体の点 $U \in GM(n, V)$ の基底のロンスキ行列を $\Psi(t) = e_j^{\Sigma t_j \Lambda^j} \varXi$ と書いたのだった．ここで

$$e_j^{\Sigma t_j \Lambda^j} = (p_{j-i}(t))_{0 \le i, j < N}$$

と成分表示しておく．具体的に書けば $k \ge 1$ に対して

$$p_k(t) = \sum_\rho \frac{t_1^{m_1} t_2^{m_2} \cdots t_{N-1}^{m_{N-1}}}{m_1! m_2! \cdots m_{N-1}!}$$

である．ここで右辺の和は分割の集合

$$\{\rho = (1^{m_1} 2^{m_2} \cdots (N-1)^{m_{N-1}}) ; \ m_1 + 2m_2 + \cdots + (N-1)m_{N-1} = k\}$$

を走るものとする．また $p_0(t) = 1$, $p_k(t) = 0 \ (k < 0)$ とした．本書第10講では（無限変数ではあるが）この p_k を h_k と書いた．そこでもひとしきり弁解を述べたが，ここでは我慢しきれず，佐藤にしたがって p_k を使わせてもらう．W の係数 $w_i \ (0 \le i < n)$ は

$$w_i(t) = \frac{\xi_{01 \cdots \widehat{n-i} \cdots n}(\Psi(t))}{\xi_{01 \cdots n-1}(\Psi(t))}$$

であった．また右辺の分母を $\tau(t, \varXi)$ で表し「タウ函数」と呼ぶのであった．

$$\tau(t, \varXi) = \xi_{01 \cdots n-1}(\Psi(t)) = \det((p_{j-i}(t))_{0 \le i < n, 0 \le j < N} \varXi)$$

右辺の行列は「横長」×「縦長」である．こういう行列式については有名な公式がある．横長（左の因子）の行列から n 列ピックアップする．番号の小さい順に $\ell_0, \cdots, \ell_{n-1}$ 列としよう．これらの列をまとめて n 次正方行列 $(p_{\ell_j - i})_{0 \le i, j < n}$ を作る．小行列だ．また縦長（右の因子）の行列からは対応する行，すなわち $\ell_0, \cdots, \ell_{n-1}$ 行をピックアップして n 次正方小行列を作る．正方行列2つの積の行列式，もちろんそれはそれぞれの行列式の積でもあるわけだが，それを計算する．列，行の選び方すべてに関する積の和が答えである．つまり

$$\tau(t, \varXi) = \sum_{0 \le \ell_0 < \ell_1 < \cdots < \ell_{n-1} < N} \det(p_{\ell_j - i}(t)) \xi_{\ell_0 \ell_1 \cdots \ell_{n-1}}$$

である．ここで $\xi_{\ell_0 \ell_1 \cdots \ell_{n-1}}$ はフレーム $\varXi \in FR(N, n)$ の小行列式だ．本書第10講で紹介したヤコビ–トゥルディの公式によれば

$$S_{\ell_0 \ell_1 \cdots \ell_{n-1}}(t) = \det(p_{\ell_j - i}(t))$$

はシューア函数である．ただし紛らわしくて申しわけないが，ここではシューア函数のラベルを分割（ヤング図形）ではなく，非負整数の単調増加列 $\ell_0 < \ell_1 < \cdots < \ell_{n-1}$ でつけている．分割 $\lambda = (\lambda_1, \lambda_2, \cdots, \lambda_n)$ が欲しければ $\lambda_i = \ell_{n-i} - (n-i)$（$1 \leqq i \leqq n$）とすればよい．以上をまとめれば

$$\tau(t, \varXi) = \sum_{0 \leqq \ell_0 < \ell_1 < \cdots < \ell_{n-1} < N} \xi_{\ell_0 \ell_1 \cdots \ell_{n-1}} S_{\ell_0 \ell_1 \cdots \ell_{n-1}}(t)$$

となる．タウ函数はシューア函数の一次結合なのだ．もちろん任意の多項式はシューア函数の一次結合になり得るので，これだけでは意味がない．微分方程式との関係は「係数がフレームの小行列式」ということにより表現されている．本書第11講で述べたように，フレームの小行列式たちは「プリュッカー座標」と呼ばれている．グラスマン多様体 $GM(n, N)$ を射影空間 $\mathbb{P}^{\binom{N}{n}-1}$ に埋め込んだときの斉次座標である．グラスマン多様体の代数多様体としての定義式である「プリュッカー関係式」を満たす．つまり2つの非負整数列 $(k_0 < k_1 < \cdots < k_{n-2})$，$(\ell_0 < \ell_1 < \cdots < \ell_n)$ に対して

$$\sum_{i=0}^{n} (-1)^i \xi_{k_0 k_1 \cdots k_{n-2} \ell_i} \xi_{\ell_0 \ell_1 \cdots \widehat{\ell_i} \cdots \ell_n} = 0.$$

結果的にこのプリュッカー関係式が佐藤方程式のタウ函数を特徴付けているといってよい．これがグラスマン多様体上の運動という意味なのだ．

次は w_i の分子 $\xi_{01 \cdots \widehat{n-i} \cdots n}(\varPsi(t))$ に目を向けよう．非負整数列 $01 \cdots \widehat{n-i} \cdots n$ はどういう分割，すなわちヤング図形に対応するかといえばそれは縦一本 $\lambda = (1^i)$ である．だからシューア函数の正規直交性（第10講参照）を用いれば

$$\xi_{01 \cdots \widehat{n-i} \cdots n}(\varPsi(t)) = S_{(1^i)}(\tilde{\partial}) \tau(t, \varXi)$$

とタウ函数を用いて表される．ヤング図形の転置によりシューア函数がどう変化するかを思い出してもらえば，結局次の表示が証明される．

$$w_i(t) = \frac{p_j(-\tilde{\partial}) \tau(t, \varXi)}{\tau(t, \varXi)}.$$

要するに解がすべて1つのタウ函数で記述されるのである．アーベル函数論におけるテータ函数に相当するものとしてタウ函数は偉いのだ！

3時限ではタウ函数の加法定理を紹介しよう．

加法定理

タウ函数は偉い

　ずいぶん昔，私が北大で助教授をしていた頃，行者明彦先生の集中講義を聴いたことがある．集中講義は学生向けの単位つきのものであるが，数学の場合，開催大学のあるいは他大学の教員が聴きにくるのは普通のことである．行者先生の講義は「概均質ベクトル空間について」と題されたものであった．冒頭，先生は集中講義の極意を話された．通常の講義と異なり，途中から聴いても，あるいは途中でやめてもある程度理解，および満足できるものでなければならない．数学の講義は連続して聴かないと，つまり 1 回でも抜けるとその後はさっぱりわからなくなるのが通例だが，集中講義は 1 回ごとの読み切りタイプが望ましい．というようなことをおっしゃった．そのときの行者先生の講義がそういうタイプであったかどうかはきわめて疑わしいのだが，その言葉自体は印象的であり，私もその後気をつけるようになった．

　3 時限は 2 時限で導入したタウ函数の際立った性質を証明することが目標だ．前のパラグラフで述べたことに鑑み，3 時限だけで自己完結的に読めるように，一応タウ函数の定義を復習しておこう．時間変数 $t = (t_1, t_2, \cdots, t_{N-1})$ とフレーム $\Xi \in FR(N, n)$ に関する函数

$$\tau(t, \Xi) = \sum_{\ell_0 < \ell_1 < \cdots < \ell_{N-1}} \xi_{\ell_0 \ell_1 \cdots \ell_{N-1}} S_{\ell_0 \ell_1 \cdots \ell_{N-1}}(t)$$

をタウ函数という．ここで $\xi_{\ell_0 \ell_1 \cdots \ell_{N-1}}$ は Ξ の n 次小行列式であり，プリュッカー座標と呼ばれる．大切なのはこれらが次のプリュッカー関係式を満たすということだ．

$$\sum_{i=0}^{n} (-1)^i \xi_{k_0 k_1 \cdots k_{n-2} \ell_i} \xi_{\ell_0 \ell_1 \cdots \widehat{\ell_i} \cdots \ell_n} = 0.$$

　さてシューア函数の正規直交性によりタウ函数の係数はタウ函数を微分する

ことによって得られる．ちょうど解析函数のテイラー展開に対応すると思えばよい．

$$\xi_{\ell_0\ell_1\cdots\ell_{N-1}} = S_{\ell_0\ell_1\cdots\ell_{N-1}}(\tilde{\partial}_t)\tau(t,\varXi)|_{t=0}$$

ここで $\tilde{\partial}_t = \left(\dfrac{\partial}{\partial t_1}, \dfrac{1}{2}\dfrac{\partial}{\partial t_2}, \cdots, \dfrac{1}{N-1}\dfrac{\partial}{\partial t_{N-1}}\right)$ である．

時間が経過した状態を $\tau(t+s,\varXi)$ で表す．もちろん $s=(s_1,\cdots,s_{N-1})$ である．そうすると

$$\tau(t+s,\varXi) = \sum_{\ell<\ell_1<\cdots<\ell_{N-1}} \xi_{\ell_0\ell_1\cdots\ell_{N-1}}(s)S_{\ell_0\ell_1\cdots\ell_{N-1}}(t)$$

と書くことができる．つまりプリュッカー座標が時間発展したと考えるのだ．したがって

$$\begin{aligned}
\xi_{\ell_0\ell_1\cdots\ell_{N-1}}(s) &= S_{\ell_0\ell_1\cdots\ell_{N-1}}(\tilde{\partial}_t)\tau(t+s,\varXi)|_{t=0} \\
&= S_{\ell_0\ell_1\cdots\ell_{N-1}}(\tilde{\partial}_s)\tau(t+s,\varXi)|_{t=0} \\
&= S_{\ell_0\ell_1\cdots\ell_{N-1}}(\tilde{\partial}_s)\tau(s,\varXi).
\end{aligned}$$

ここまでが注意だ．さてパラメータ $q_0, q_1, \cdots, q_{N-1}$ を準備し，

$$[q_i] = \left(q_i, \frac{1}{2}q_i^2, \cdots, \frac{1}{N-1}q_i^{N-1}\right)$$

とおく．また差積を

$$\varDelta(q) = \varDelta(q_0, \cdots, q_{N-1}) = \prod_{i<j}(q_j - q_i)$$

と表すことにして，タウ函数の「シフト」を次のように定義する．

$$\zeta_{01\cdots N-1}(t) = \varDelta(q)\tau(t+[q_0]+[q_1]+\cdots+[q_{N-1}],\varXi)$$

本当は左辺にも $\varXi$ を入れて $\zeta_{01\cdots N-1}(t,\varXi)$ と書いたほうがいいのだろうが省略する．そうして今後はタウ函数も混乱の恐れがないときには $\varXi$ を書かないことにする．一般に（解析）函数 $f(t)$ に対して

$$f(t+[q]) = e^{\eta(\tilde{\partial}_t, q)}f(t)$$

であることに注意する．まさにテイラー展開だ．ただしいつものように $\eta(t,q) = \sum\limits_{j=1}^{\infty} t_j q^j$ である．これを用いて次の「加法定理」の必要性の方を証明しよう．

●定理 III-1（加法定理）─────────

2N 個のパラメータ $q_0, q_1, \cdots, q_{2N-1}$ に対して

$$\sum_{i=0}^{N} (-1)^i \zeta_{01\cdots N-2,N-1+i}(t) \zeta_{N-1,\cdots,\widehat{N-1+i},\cdots,2N-1}(t) = 0.$$

また逆にこの式が（有限次元版）KP 方程式系のタウ函数を特徴付ける.

●証明の概略

i を一つ固定してその項を見ていこう.

$$\zeta_{01\cdots N-2,N-1+i}(t)\zeta_{N-1,\cdots,\widehat{N-1+i},\cdots,2N-1}(t)$$
$$= \Delta(q_0,\cdots,q_{N-2},q_{N-1+i})e^{\eta(\tilde{\partial}_t,q_0)+\cdots+\eta(\tilde{\partial}_t,q_{N-1+i})}\tau(t)$$
$$\times \Delta(q_{N-1},\cdots,q_{\widehat{N-1+i}},\cdots,q_{2N-1})e^{\eta(\tilde{\partial}_t,q_{N-1})+\cdots+\eta(\tilde{\partial}_t,q_{2N-1})}\tau(t)$$
$$= \sum_{\ell_0,\cdots,\ell_{N-1+i}} q_0^{\ell_0}\cdots q_{N-1+i}^{\ell_{N-1+i}}S_{\ell_0,\cdots\ell_{N-1+i}}(\tilde{\partial}_t)\tau(t)$$
$$\times \sum_{\ell_{N-1},\cdots,\ell_{2N-1}} q_{N-1}^{\ell_{N-1}}\cdots q_{2N-1}^{\ell_{2N-1}}S_{\ell_{N-1},\cdots\ell_{2N-1}}(\tilde{\partial}_t)\tau(t)$$
$$= \sum_{\ell_0,\cdots,\ell_{2N-1}} q_0^{\ell_0}\cdots q_{2N-1}^{\ell_{2N-1}}\xi_{\ell_0\cdots\ell_{N-2}\ell_{N-1+i}}(t)\xi_{\ell_{N-1}\cdots\widehat{\ell_{N-1+i}}\cdots\ell_{2N-1}}(t)$$

ここで「コーシーの公式」と呼ばれるシューア函数の恒等式を用いた.
マクドナルドの本[32]を参照されたい. あとはプリュッカー関係式より定理の式を得る. □

何をやっているのかわからなくなったかも知れない. $N=2$ の場合の式を具体的に書いてみよう. パラメータは q_0, q_1, q_2, q_3 の 4 つである.

$$\zeta_{01}(t)\zeta_{23}(t) - \zeta_{02}(t)\zeta_{13}(t) + \zeta_{03}(t)\zeta_{12}(t) = 0$$

であるが, もっと泥臭く書けば

$$(q_1-q_0)(q_3-q_2)\tau(t+[q_0]+[q_1])\tau(t+[q_2]+[q_3])$$
$$- (q_2-q_0)(q_3-q_1)\tau(t+[q_0]+[q_2])\tau(t+[q_1]+[q_3])$$
$$+ (q_3-q_0)(q_2-q_1)\tau(t+[q_0]+[q_3])\tau(t+[q_1]+[q_2]) = 0 \qquad (A1)$$

となる.

この加法定理はコンパクトリーマン面のテータ函数に関するフェイのトライセカント公式（Fay's trisecant identity, FTI）と本質的に同じものである. ただしそれを述べようとするといろいろ準備が必要だ. また私がその方面の知識に乏しいので, 申しわけないがここではこれ以上言及しないことにする, と開き直る. 佐藤先生は当然 FTI をご存知で, それに呼応して加法定理の定式化を

されたのだと考える.

広田微分

ここでちょっと技巧的だが時間変数の(ベクトルとしての)シフトを行う.

$$t \mapsto t - \frac{1}{2}[q_0] - \frac{1}{2}[q_1] - \frac{1}{2}[q_2] - \frac{1}{2}[q_3]$$

そうすると(A1)は次のようになる.

$$(q_1 - q_0)\tau\left(t + \frac{1}{2}[q_0] + \frac{1}{2}[q_1] - \frac{1}{2}[q_2] - \frac{1}{2}[q_3]\right)$$

$$\times (q_3 - q_2)\tau\left(t - \frac{1}{2}[q_0] - \frac{1}{2}[q_1] + \frac{1}{2}[q_2] + \frac{1}{2}[q_3]\right)$$

$$- (02|13) + (03|12)$$

$$= (q_1 - q_0)(q_3 - q_2)e^{\eta\left(\frac{1}{2}\bar{\partial}_s, q_0\right) + \eta\left(\frac{1}{2}\bar{\partial}_s, q_1\right) - \eta\left(\frac{1}{2}\bar{\partial}_s, q_2\right) - \eta\left(\frac{1}{2}\bar{\partial}_s, q_3\right)}\tau(t+s)\tau(t-s)\big|_{s=0}$$

$$- (02|13) + (03|12)$$

$$= 0 \tag{A2}$$

なお上式で第1項だけきちんと書いて第2項,第3項は番号の変更だけ記した.第1項のパラメータや変数の並びを(01|23)と思ったときに第2項は(02|13),第3項は(03|12)と変更するのだ,と理解されたい.大丈夫かな?

もうおわかりだと思うが,広田双線型微分方程式を導こうとしている.広田微分については本書第12講で詳しく解説したことであるが,念のため復習しよう.$(f(t), g(t))$ を変数 $t = (t_1, \cdots, t_{N-1})$ の微分可能な函数のペア,すなわち順序対とする.また $P(t)$ を多項式とするとき

$$P(D_t)f \bullet g(t) = P\left(\frac{\partial}{\partial s}\right)f(t+s)g(t-s)\big|_{s=0}$$

により「広田微分作用素」D_t を定義する.言わずもがなだが,ここで $\frac{\partial}{\partial s} = \left(\frac{\partial}{\partial s_1}, \cdots, \frac{\partial}{\partial s_{N-1}}\right)$ である.微分作用素とはいうものの函数のペア $f \bullet g$ に作用するのだ.そして作用した結果は単独の函数である.したがって微分作用素なら当然期待される結合法則は成立しない,というかナンセンスである.広田微分作用素の全体は多項式環と同型な可換環の構造を持つが,函数の成す空間がその上の加群という具合になっていないのだ.その意味で不自然な対象であると

も言える．1変数函数に対する式を具体的に書いておく．

$$D_x^n f \bullet g = \sum_{k=0}^{n} (-1)^k \binom{n}{k} f^{(n-k)} g^{(k)}.$$

「符号つきライプニッツ則」と呼んでもよかろう．$f = g$ の場合もよく登場する．もし n が奇数ならば $D_x^n f \bullet f = 0$ であることを確認されたい．

広田微分作用素を用いれば，上の(A2)式は

$$(q_1 - q_0)(q_3 - q_2) e^{\eta\left(\frac{1}{2}\tilde{D}_t, q_0\right) + \eta\left(\frac{1}{2}\tilde{D}_t, q_1\right) - \eta\left(\frac{1}{2}\tilde{D}_t, q_2\right) - \eta\left(\frac{1}{2}\tilde{D}_t, q_3\right)} \tau \bullet \tau - (02|13) + (03|12)$$
$$= 0$$

と書ける．ここで $\tilde{D}_t = \left(D_1, \frac{1}{2}D_2, \cdots, \frac{1}{N-1}D_{N-1}\right)$ である．さらにコーシーの公式を使えば

$$(q_1 - q_0) e^{\eta\left(\frac{1}{2}\tilde{D}_t, q_0\right) + \eta\left(\frac{1}{2}\tilde{D}_t, q_1\right)} = \sum_{\ell_0, \ell_1} q_0^{\ell_0} q_1^{\ell_1} S_{\ell_0 \ell_1}\left(\frac{1}{2}\tilde{D}_t\right),$$

$$(q_3 - q_2) e^{-\eta\left(\frac{1}{2}\tilde{D}_t, q_2\right) - \eta\left(\frac{1}{2}\tilde{D}_t, q_3\right)} = \sum_{\ell_2, \ell_3} q_2^{\ell_2} q_3^{\ell_3} S_{\ell_2 \ell_3}\left(-\frac{1}{2}\tilde{D}_t\right)$$

である．結局(A2)は

$$\sum_{\ell_0, \ell_1, \ell_2, \ell_3} \left\{ S_{\ell_0 \ell_1}\left(\frac{1}{2}\tilde{D}_t\right) S_{\ell_2 \ell_3}\left(-\frac{1}{2}\tilde{D}_t\right) - S_{\ell_0 \ell_2}\left(\frac{1}{2}\tilde{D}_t\right) S_{\ell_1 \ell_3}\left(-\frac{1}{2}\tilde{D}_t\right) \right.$$
$$\left. + S_{\ell_0 \ell_3}\left(\frac{1}{2}\tilde{D}_t\right) S_{\ell_1 \ell_2}\left(-\frac{1}{2}\tilde{D}_t\right) \right\} \tau \bullet \tau = 0$$

となる．これは母函数のようなものである．この式は，任意の非負整数 $(\ell_0, \ell_1, \ell_2, \ell_3)$ に対して

$$\left\{ S_{\ell_0 \ell_1}\left(\frac{1}{2}\tilde{D}_t\right) S_{\ell_2 \ell_3}\left(-\frac{1}{2}\tilde{D}_t\right) - S_{\ell_0 \ell_2}\left(\frac{1}{2}\tilde{D}_t\right) S_{\ell_1 \ell_3}\left(-\frac{1}{2}\tilde{D}_t\right) \right.$$
$$\left. + S_{\ell_0 \ell_3}\left(\frac{1}{2}\tilde{D}_t\right) S_{\ell_1 \ell_2}\left(-\frac{1}{2}\tilde{D}_t\right) \right\} \tau \bullet \tau = 0$$

となることと同等である．タウ函数の加法定理(の特別な場合)を書き直してこのような広田双線型微分方程式が導出されたのだ．一番次数が小さいとき，すなわち $\ell_i = i$ $(i = 0, 1, 2, 3)$ の場合に登場するシューア函数を実際に書いておく．

$$S_{01}(t) = 1, \quad S_{02}(t) = t_1, \quad S_{03}(t) = \frac{1}{2}t_1^2 + t_2,$$

$$S_{12}(t) = \frac{1}{2}t_1^2 - t_2, \qquad S_{13}(t) = \frac{1}{3}t_1^3 - t_3,$$

$$S_{23}(t) = \frac{1}{12}t_1^4 - t_1 t_3 + t_2^2$$

これらから作られる広田方程式は

$$(D_1 - 4D_1 D_3 + 3D_2^2)\tau \bullet \tau = 0$$

である。KP 方程式の広田表示としてあまりにも有名な式だ。この式だけであれば $S_{23}(\widetilde{D}_t)\tau \bullet \tau = 0$ とシューア函数一発でも書ける。この事実はヴィラソロ代数のフォック表現と関係するが，ここではコメントするにとどめよう。病膏肓とはよく言ったもので，私なぞ4次の斉次多項式はみんなこれに見えてしまう。

さて上の母函数の計算が一般の N についても同様に実行されることは明らかだろう。よって次の定理が得られた。

●**定理 III-2** ──────────────────────────

函数 $\tau(t)$ が KP 方程式のタウ函数であるための必要十分条件は次の広田方程式系を満たすことである。

$$\left\{ \sum_{i=0}^{N} (-1)^i S_{k_0 \cdots k_{N-2}\ell_i}\left(\frac{1}{2}\widetilde{D}_t\right) S_{\ell_0 \cdots \widehat{\ell_i} \cdots \ell_N}\left(-\frac{1}{2}\widetilde{D}_t\right) \right\} \tau \bullet \tau = 0.$$

KP 方程式系の理論はリー環論的には A 型というべきものである。古典単純リー環は A, B, C, D 型に分類される。それぞれのタイプに付随して非線型微分方程式のヒエラルキーが存在する。特に B 型については（A 型の）KP ヒエラルキーと並行して議論できることもありよく調べられている。タウ函数も存在するが，シューア函数ではなくシューアの Q 函数と仲が良い。シューア函数が行列式として表示されることに対応して，Q 函数はパフィアンを用いて表示される。広田良吾先生は「行列式よりもパフィアンの方がより根源的である」という考えで，それに基づいて『直接法による ソリトンの数理』[40] を著した。B 型 KP 方程式系のタウ函数にも加法定理がある。私は執行洋子から彼女自身の仕事として教えてもらったことがある。

KdV方程式系

KdV方程式の定式化

4時限では3時限までに述べたKP方程式系の「2リダクション」である
KdV方程式系について，特にその広田表示について少し詳しく解説してみる
ことにする．私自身が最近（といっても数年前からであるが）ちょっと調べてい
ることであり，まだ完全に理解できておらず数学になっていない部分もあるが，
問題提起だと思って読んでいただければと思う．

KP方程式系のラックス表示を思い出していただこう．

$$L = \sum_{j=0}^{\infty} u_j \partial^{1-j}$$

という1階の擬微分作用素を考える．ここで係数 u_j は $t = (t_1, t_2, \cdots)$ の函数で
あり，特に $u_0 = 1$, $u_1 = 0$ と正規化しておく．L^k の微分作用素部分 B_k を用い
てのラックス表示

$$\frac{\partial L}{\partial t_k} = [B_k, L]$$

を u_j に対する発展方程式系と考えて，KP方程式系と呼んだのであった．2以
上の自然数 r に対して $L^r = B_r$ という条件を課した方程式系をKP方程式系の
「r リダクション」と呼ぶ．これは L の係数 u_j に対する条件であり，グラスマ
ン多様体の"部分多様体"を指定することに対応する．ここでは特に $r = 2$ の
場合を考察しよう．この場合の $L^2 = B_2$ を1次元シュレディンガー作用素と
呼ぶことがある．L^2 という記号をずっと使っても良いのだがちょっと煩わし
いので，ここでは誰も使わない S という記号を使わせてもらう．すなわち

$$S = \partial^2 + 2u$$

である．ただしポテンシャル函数を $u = u_2$ と書いた．文脈によっては S をス

トゥルム–リュービル作用素と呼ぶこともあるようだ．単なる2階線型常微分作用素に大仰な名前がついているという印象だが，まあいろいろな経緯があるのだろう．$S = L^2$ が微分作用素なので，一般に自然数 k に対して $S^k = L^{2k}$ が微分作用素になる．つまり $B_{2k} = L^{2k}$ なので $[B_{2k}, L] = 0$ が成り立つ．したがってラックス方程式において $\dfrac{\partial L}{\partial t_{2k}} = 0$ だ．だから2リダクションにおいては l_{2k} $(k = 1, 2, \cdots)$ を考える必要はなく，時間変数は $t = (t_1, t_3, t_5, \cdots)$ だと思ってよい．

さて自然数 n に対して

$$S^{n/2} = B_n + g_n \partial^{-1} + \cdots$$

とする．

$$g_1 = u, \qquad g_3 = \frac{1}{4} u_{xx} + \frac{3}{2} u^2$$

である．以前やったような計算をもう一度復習すると，$n = 1, 3, 5, \cdots$ のとき

$$\begin{aligned}
[B_n, S] &= [-B_n^c, S] \\
&= [-g_n \partial^{-1} + \cdots, \partial^2 + 2u] \\
&= 2(g_n)_x.
\end{aligned}$$

つまり2リダクションのラックス方程式は

$$\frac{\partial u}{\partial t_n} = (g_n)_x \qquad (n = 1, 3, 5, \cdots)$$

となる．$n = 1$ とおいて $x = t_1$ と同一視してよいことがわかり，$n = 3$ とすれば $t = t_3$ として

$$u_t = \frac{1}{4} u_{xxx} + 3u u_x$$

が出る．これは KdV 方程式だ．だから KP 方程式系の2リダクションを KdV 方程式系と呼ぶことにする．ラックス方程式の右辺に現れる u の微分多項式 g_n は一種の保存量である．ここでは「ゲルファント–ディキー多項式」と呼ぶことにする．一般に保存則というのは u の微分多項式 T と X に対する方程式

$$T_t + X_x = 0$$

という形で与えられる．実軸上で考えることにしてもし $u = u(x)$ が無限遠で0になるという条件を課せば

$$\frac{\partial}{\partial t} \int_{-\infty}^{\infty} T \, dx = 0$$

となる. つまり $\int_{-\infty}^{\infty} T\,dx$ は時間不変, 保存量なのだ. たとえば

$$T = u, \qquad X = -\left(\frac{1}{4}u_{xx} + \frac{3}{2}u^2\right)$$

とすれば保存則は KdV 方程式そのものである. ラックス方程式は保存則が無限個あることを示しているのである. $S^{n/2}$ の「留数」であることから次の漸化式が成り立つ.

$$(g_{n+2})_x = \frac{1}{4}(g_n)_{xxx} + 2u(g_n)_x + u_x g_n \qquad (n = 1, 3, 5, \cdots)$$

レナードの公式と言うらしい. これを用いれば

$$g_5 = \frac{1}{16}u_{xxxx} + \frac{5}{4}uu_x + \frac{5}{8}u_x^2 + \frac{5}{2}u^3$$

と計算される. それほど難しくはないので, この公式の証明を与えておこう.

$$S^{n/2} = B_n + g\partial^{-1} + a\partial^{-2} + b\partial^{-3} + c\partial^{-4} + \cdots$$

として, $[S, S^{n/2}] = 0$ を直接書いてみる. $SS^{n/2}$ の ∂^{-1} の係数は $g_{xx} + 2a_x + b + 2ug$ である. また $S^{n/2}S$ の ∂^{-1} の係数は $2ug + b$ なので, 結局 $a_x = -\frac{1}{2}g_{xx}$ がわかる. 1回積分して積分定数を捨てて $a = -\frac{1}{2}g_x$ となる. 同様に ∂^{-2} の係数を比べることにより $a_{xx} + 2b_x = -2u_x g$ がわかる. 上の式と合わせれば $b_x = \frac{1}{4}g_{xxx} - u_x g$ となる. 一方 $g_{n+2} = 2ug + b$ なので, これを微分して

$$\begin{aligned}
(g_{n+2})_x &= (2ug + b)_x \\
&= 2u_x g + 2ug_x + b_x \\
&= 2u_x g + 2ug_x + \frac{1}{4}g_{xxx} - u_x g \\
&= \frac{1}{4}g_{xxx} + 2ug_x + u_x g.
\end{aligned}$$

$\square$

KdV方程式のタウ函数

さてタウ函数を問題にしよう. 2時限で述べたように佐藤方程式の作用素 $W = \sum_{j \geq 0} w_j \partial^{n-j}$ とラックス方程式の作用素 $L = \sum_{j \geq 0} u_j \partial^{1-j}$ は $L = W\partial W^{-1}$ で結びついている. 4時限での S は $S = W\partial^2 W^{-1} = \partial^2 + 2u$ である. この関係より $u = -(w_1)_x$ であることが導かれる. タウ函数は $w_1 = -(\log \tau)_x$ を満たすので $u = (\log \tau)_{xx}$ である. これを広田変換と呼ぶこともある.

第 12 講にも登場した KdV 方程式によく似たバーガース方程式というものがある.

$$u_t = u_{xx} + 2uu_x.$$

これは（符号を変えた）コール-ホップ変換

$$u = (\log \tau)_x$$

で熱方程式

$$\tau_t = \tau_{xx}$$

に変換される（積分定数を 0 とおくなどしているので「同値変形」というわけではない）. つまり線型化されるのである. 線型化されたら何もかもわかるというわけでは決してないが, 少なくとも非線型よりはずっと扱いやすいのだ. バーガーズ方程式と KdV 方程式の違いは x による微分の階数だ. だからコール-ホップ変換ももう一度微分して $u = (\log \tau)_{xx}$ とやってみる. 残念ながらこれでも線型化できない. 普通ならここで諦めて別の方法を考えるのだが広田先生は諦めなかった. そして線型にはならないが, 双線型として書き直すことができることを発見したのである. その際に広田微分作用素が必要になった. 結局 KdV 方程式は

$$(D_x^4 - 4D_x D_t)\, \tau \bullet \tau = 0, \qquad u = (\log \tau)_{xx}$$

と書かれることがわかったのである. もちろん方程式をこのように書き直しておしまいではない. 広田の直接法はここから始まるのである. τ を微小パラメータ ε について展開する.

$$\tau = 1 + \varepsilon f_1 + \varepsilon^2 f_2 + \cdots.$$

そうして ε^n の係数 f_n を順に解いていくのだ. 一種の摂動法である. 展開は無限に続くので, 人工的に途中で打ち切ったものは近似的な解でしかないが, 広田の双線型方程式の摂動法は自動的に有限項で切れ, したがって厳密解を与えるのである. ソリトン解である. たとえば

$$f_1 = e^{2px + 2p^3 t}, \qquad f_2 = f_3 = \cdots = 0$$

としたものが, いわゆる 1 ソリトン解である.

$$\tau = 1 + \varepsilon e^{2px + 2p^3 t}$$

は広田変換を通して

$$u = \frac{1}{4} p^2 \operatorname{sech}^2\!\left(\frac{1}{2}(px + p^3 t) + \delta \right)$$

となる．それなりに複雑な形だ．2ソリトン解になるともう手に負えないくらい楽しい計算だ．しかし，今ここで広田の方法を詳しく説明するつもりはない．広田先生の名著[40]を参考にしてもらいたい．

佐藤氏の「広田氏の Bilinear Equations について」について

ここからは『数理解析研究所講究録』所収の佐藤幹夫-毛織泰子「広田氏の Bilinear Equations について」[44]に沿ってしばらくおしゃべりを続けよう．余計なことだが毛織は佐藤夫人の旧姓である．まず記号を少し整理しておこう．奇数分割 $\rho = (1^{m_1} 3^{m_3} \cdots) \in OP(n+1)$ に対して

$$\partial^\rho(u) = \frac{\partial^{m_1+m_3+\cdots}}{\partial t_1^{m_1} \partial t_3^{m_3} \cdots} u$$

とする．ここでまた今後は $u_j = \dfrac{\partial^j u}{\partial x^j}$ と略記する場合もある．添字の x をたくさん書かなくてよくなる．さらに佐藤-毛織の論説に合わせるために函数や変数のスケール変換を施す．

$$\partial^\rho(u) \mapsto 2^{1+m_1+m_3+\cdots} \partial^\rho(u), \qquad u_j \mapsto 2^{1+j} u_j$$

また今まで g_n $(n = 1, 3, 5, \cdots)$ と書いてきたものを $2K_{n+1}$ に書き直す．結果的に KdV 方程式は見慣れた

$$u_t = u_{xxx} + 6uu_x$$

という形になり，ゲルファント-ディキー多項式は

$$K_2 = u, \qquad K_4 = u_2 + 3u^2, \qquad K_6 = u_4 + 10uu_2 + 5u_1^2 + 10u^3$$

のようになる．これは佐藤-毛織の論説の 194 ページに表Ⅳ-2 として載っている．この表にはさらなるデータも書かれているのだがそれについては後ほど．またレナードの公式は

$$(K_{n+3})_x = (K_{n+1})_{xxx} + 4u(K_{n+1})_x + 2u_x K_{n+1}$$

と読み替えられる．さらにスケール変換により u と τ の関係は

$$u = 2(\log \tau)_{xx}$$

で与えられることになる．このタウ函数に対する KdV 方程式系の広田表示は次のようになる．

$$\frac{D_x D_{t_n} \tau \bullet \tau}{\tau^2} = K_{n+1} \qquad (n = 1, 3, 5, \cdots)$$

実際，左辺は

$$2\left(\frac{\tau_{xt_n}}{\tau} - \frac{\tau_x \tau_{t_n}}{\tau^2}\right) = \int u_{t_n} \, dx = \int (K_{n+1})_x \, dx = K_{n+1}$$

となって，たしかに KdV 方程式系の書き直しになっている．ここで積分記号は単に微分の逆演算という程度の意味である．KdV 方程式系のタウ函数を $\tau = \tau(t)$ とする．佐藤-毛織は D 加群的な観点から次の空間を考える．

$$Hir(n+1) = \mathbb{Q}\left\{\frac{D^\rho \tau \bullet \tau}{\tau^2} ; \rho \in OP(n+1)\right\}$$

右辺は中括弧の中の元

$$\frac{D^\rho \tau \bullet \tau}{\tau^2} = \frac{D_1^{m_1} D_3^{m_3} \cdots \tau \bullet \tau}{\tau^2}, \qquad \rho = (1^{m_1} 3^{m_3} \cdots)$$

で張られる $\mathbb{Q}$ 上のベクトル空間という意味である．ここで D_{t_n} を D_n と略記した．このベクトル空間を「広田微分空間」と呼ぶことにする．ゲルファント-ディキー多項式 K_{n+1} はこの空間のメンバーである．佐藤-毛織の論説には「主定理」として，次が述べられている．

●**定理 IV-1** ─────────────────────────

　KdV 方程式系の解 $u = u(t)$ をとり，そのタウ函数を $\tau = \tau(t)$ とする．このとき任意の奇数 n に対して，ストリクト偶数分割 $\lambda \in ESP(n+1)$ で添字付けられる u の微分多項式 K_λ が存在して，その系は $Hir(n+1)$ の基底をなす．つまり任意の奇数分割 $\rho \in OP(n+1)$ に対して

$$\frac{D^\rho \tau \bullet \tau}{\tau^2} = \sum_\lambda z_{\lambda\rho} K_\lambda$$

を満たす整数 $z_{\lambda\rho}$ が一意的に存在する．したがって特に

$$\dim Hir(n+1) = |ESP(n+1)|$$

である．

　定理の証明は論説に書かれていない．その代わりこれをサポートする数表が

載っているのである．いくつか引用しよう．これを表Ⅳ-1 とする．

　佐藤-毛織の論説では KdV に関してこの表が $n+1 = 16$ まで載っているのである．一見して対称群の指標表を想起させる．ただし基底の形がわからなければ片手落ちだろう．論説には $n+1 = 12$ までの基底が表になっている．これも $n+1 = 10$ まで引用しておこう．これを表Ⅳ-2 とする．

　このような表を作るのに佐藤先生は，当時出回っていたプログラム電卓（ポケットコンピュータ）を 1000 時間以上使ったと言われている．これらの表をど

ρ	(1^2)
K_2	1

ρ	(1^4)	(13)
K_4	1	1

ρ	(1^6)	$(1^3 3)$	(3^2)	(15)
K_6	1	1	1	1
K_{42}	5	-1	2	0

ρ	(1^8)	$(1^5 3)$	$(1^2 3^2)$	$(1^3 5)$	(35)	(17)
K_8	1	1	1	1	1	1
K_{62}	14	2	-1	-1	2	0

ρ	(1^{10})	$(1^7 3)$	$(1^4 3^2)$	(13^3)	$(1^5 5)$	$(1^2 35)$	(5^2)	$(1^3 7)$	(37)	(19)
K_{10}	1	1	1	1	1	1	1	1	1	1
K_{82}	27	9	0	0	2	-1	2	-1	2	0
K_{64}	42	0	3	-3	-3	0	2	0	0	0

表Ⅳ-1 ●広田微分の係数

	u
K_2	1

	u_2	u^2
K_4	1	3

	u_4	uu_2	u_1^2	u^3
K_6	1	10	5	10
K_{42}	0	1	-1	1

	u_6	uu_4	$u_1 u_3$	u_2^2	$u^2 u_2$	uu_1^2	u^4
K_8	1	14	28	21	70	70	35
K_{62}	0	1	-2	1	10	-5	5

	u_8	uu_6	$u_1 u_5$	$u_2 u_4$	u_3^2	$u^2 u_4$	$uu_1 u_3$	uu_2^2	$u_1^2 u_2$	$u^3 u_2$	$u^2 u_1^2$	u^5
K_{10}	1	18	54	114	69	126	504	378	462	420	630	126
K_{82}	0	1	-2	2	-1	14	0	35	-28	70	0	21
K_{64}	0	0	0	1	-1	3	-12	6	7	20	-15	6

表Ⅳ-2 ●広田微分空間の基底

のように読むのか，一言説明しよう．表Ⅳ-1 の $n+1=2$ は

$$\frac{D_1^2\tau \bullet \tau}{\tau^2} = K_2$$

を表している．表Ⅳ-2 より $K_2 = u$ なので結局

$$u = 2(\log \tau)_{xx}$$

という広田変換を表しているのだ．同様に $n+1=4$ の表Ⅳ-1 は

$$\frac{D_1^4\tau \bullet \tau}{\tau^2} = \frac{D_1D_3\tau \bullet \tau}{\tau^2} = K_4$$

を表している．そして表Ⅳ-2 に $K_4 = u_2+3u^2$ がわかるのだ．これより

$$(D_1^4-D_1D_3)\tau \bullet \tau = 0$$

が見て取れるが，これは KdV 方程式の広田表示そのものである．K_{n+1} はゲルファント-ディキー多項式であり，これは擬微分作用素由来であることがはっきりしている．私は $Hir(n+1)$ のこの基底を「ゲルファント-ディキー-佐藤基底（GDS 基底）」と呼んでいる．佐藤先生がどのようにしてこの基底を構成されたのか不明である．何らかの指導原理があってしかるべきだと思うのだが擬微分作用素をいじって出てくるものなのか，今の私にはわからない．この表をじっと眺めていて，どうやら次は成り立っているのではないかと観察した．$n=3,5,7,9$ では計算により確認済みである．

$$K_{n+1,2} = K_{n+3}-(K_{n+1})_{xx}-3uK_{n+1}$$

両辺を x で微分して次のような表記も得られる．

$$(K_{n+1,2})_x = D_x(K_{n+1} \bullet K_2)$$

ここに広田微分が登場するのは場違いだし偶然だろう．ただもう一つ検証された式があって，これもまた意味深長なのである．

$$(K_{642})_x = D_x(K_2 \bullet K_{64}-K_4 \bullet K_{62}+K_6 \bullet K_{42}).$$

パフィアンの関係式らしきものが見えてくるのが，何とも嬉しくなってしまうのだ．表を見ながら，そして間違えながら長い時間を掛けて計算したが，それこそコンピュータを使えば瞬時なんだろうな．ワクワクする暇がないんだろうな….

　表Ⅳ-1 を行列と捉えてみる．奇数 n に対して

$$D(n+1) = \mathbb{Q}\{\partial^\rho = \partial_{t_1}^{m_1}\partial_{t_3}^{m_3}\cdots; \ \rho = (1^{m_1}3^{m_3}\cdots) \in OP(n+1)\}$$

と置いて線型写像

$$\eta: D(n+1) \ni \partial^\rho \mapsto \frac{D^\rho \tau \bullet \tau}{\tau^2} \in Hir(n+1)$$

を考える．この写像の GDS 基底に関する行列が表IV-1 だ．この枠組みの双対を考える．

$$D(n+1)^* = \mathbb{Q}\left\{\frac{t^\rho}{\rho!}; \rho \in OP(n+1)\right\}$$

を $D(n+1)$ の双対空間とする．ここで $\rho = (1^{m_1} 3^{m_3} \cdots)$ に対して $\rho! = m_1! m_3!$ … と置いた．

$$\partial^\rho \left(\frac{t^\sigma}{\sigma!}\right)\bigg|_{t=0} = \delta_{\rho\sigma} \quad (\text{クロネッカーのデルタ})$$

より，これらは互いに双対な基底であると考える．また $Hir(n+1)$ の双対空間を

$$Hir(n+1)^* = \mathbb{Q}\{\phi_\lambda; \lambda \in ESP(n+1)\}$$

とする．$\{\phi_\lambda; \lambda \in ESP(n+1)\}$ は $\{K_\lambda; \lambda \in ESP(n+1)\}$ の双対基底だ．双対写像

$$\eta^*: Hir(n+1)^* \longrightarrow D(n+1)^*$$

の行列表示も当然のことながら表IV-1 になる．私の観察結果は

$$\eta^*(\phi_\lambda) = Q_\lambda(t)$$

というものだ．つまり

$$\sum_{\rho \in OP(n+1)} z_{\lambda\rho} \frac{t^\rho}{\rho!} = Q_\lambda(t)$$

ということだ．シューアの Q 函数は本書第 11 講で定義されている．シューア函数が対称群の通常指標の母函数という言い方をするならば，Q 函数は対称群のスピン指標の母函数だ．だから上の観察結果は表IV-1 の数 $z_{\lambda\rho}$ がスピン指標であることを主張している．集中講義 3 時限の最後に述べたように Q 函数は B 型 KP 方程式のタウ函数を与える．それが（A 型）KP 方程式系の 2 リダクションである KdV 方程式系に登場するのはいささか意外なのである．表IV-1 を見れば誰でも対称群の指標表を思い浮かべるが，そのものズバリではないことにすぐ気がつく．私の場合しばらく（30 年ぐらい）見ていて，これが対称群のスピン指標表（もどき）であることに気がついた．もちろん線型写像の行列表示は基底あってのものだ．私が $Hir(n+1)$ の GDS 基底の具体形にこだわるのは，行列表示にスピン指標が登場するからにほかならない．

佐藤-毛織の論説には表IV-1，表IV-2の計算方法はきちんとは書かれていない．だがどうやら擬微分作用素を直接計算したわけではなさそうな気配が感じられる．2つのシューア函数の積を計算しているように思われるのだ．なぜそれがKdVの広田方程式を求めていることになるかはまったく不明なのである．もしかしたらソリトン解など特殊な解に広田微分をぶつけた結果なのかもしれぬ．そういう前提で私の予想を見直して，岡田聡一と熊本大学で私の学生だった田畑純孝が独立に証明を書いてくれた．佐藤-毛織の主定理の証明は相変わらず分からないのだ．ただ次元公式

$$\dim Hir(n+1) = |ESP(n+1)|$$

については，伊達-神保-柏原-三輪により，アフィンリー環の指標公式を援用して証明されている．

変形KdV方程式系

　さてここからしばらくは変形KdV方程式に焦点をあてよう．

$$v_t = v_{xxx} - 6v^2 v_x$$

を「変形KdV方程式(modified KdV equation)」，略してmKdV方程式と呼ぶ．これも「階層(hierarchy)」として捉えることができる．変数は$t = (t_1, t_3, t_5, \cdots)$で特別な変数$x$を$t_1$と同一視するのは今までと同様である．上の方程式の$t$はここでの$t_3$である．$v$をmKdV方程式の解とするとき

$$u = v_x - v^2 \qquad\qquad (*)$$

と置くとuはKdV方程式の解になる．それは

$$(\partial - 2v)(v_t - v_{xxx} + 6v^2 v_x) = u_t - u_{xxx} - 6uu_x$$

というふうに検証される．KdVとmKdVの解を結ぶ変換(*)は「ミウラ変換」と呼ばれる．ロバート・ミウラ(Robert Miura 1938-2018)，日系3世の数学者だ．

　ちょっとだけ思い出話をさせてもらう．私が広島大学の修士2年のときだったと思う，応用数学の三村昌泰先生の招きでミウラ氏は広大数学科の談話会で講演された．脳に関する話だった．英語だったが，途中一度だけ自身の頭を指差して「ノオ」と言ったのを鮮明に覚えている．覚えているのはそこだけで内容はすっかり忘れてしまった．当時私はソリトンの勉強をしていたわけではないがGGKMという4人組の論文の存在ぐらいは知っていたので，著者の一人

であるミウラ氏の講演に出席し，講演後にはそばまで行って自己紹介までした．チンピラ学生のつたない英語に対して，にこやかに対応してくださり，具体的な言葉は忘れたが「研究を頑張れ」といったような励ましの言葉も掛けてくださった．嬉しかったなあ．45年も前のことだが今でも感謝している．今自分は，大先生かどうかはともかく，年齢的には若い学生を励ます立場だ．大学院生を力づけるような言葉を掛けてあげられたらいいなと常に思っている．ミウラ氏の九州大学での講義録「ソリトンと逆散乱法」が『数学セミナー』2008年8月号と9月号に載っている[45]．プリンストン大学でのガードナー(Clifford Gardner 1924-2013)，グリーン(John Greene 1928-2007)，クラスカル(Martin Kruskal 1925-2006)らとの共同研究(GGKM)の様子，無限個の保存則の発見の経緯など生々しく語られていて非常に興味深い．逆散乱法の簡潔な説明も素晴らしい．一読をお勧めする．

　mKdV方程式系に戻ろう．佐藤–毛織の論説ではこれについても広田微分空間を考察し，その基底(GDS基底)を与えている．基本定理を述べる．

●定理IV-2 ―――――――――――――――――――――――――――――

　mKdV方程式系の解 $v = v(t)$ をとる．タウ函数に相当する函数 $\tau' = \tau'(t)$ を $v = \left(\log \dfrac{\tau}{\tau'}\right)_x$ で定める．ここで τ はミウラ変換 $u = v_x - v^2$ で与えられる KdV 方程式の解のタウ函数とする．このとき任意の非負整数 n に対して，ストリクト奇数分割 $\lambda \in OSP(n)$ で添字付けられる v の微分多項式 K_λ が存在して広田微分空間

$$Hir(n) = \mathbb{Q}\left\{\frac{D^\rho \tau \bullet \tau'}{\tau\tau'}; \rho \in OP(n)\right\}$$

の基底をなす．つまり任意の奇数分割 $\rho \in OP(n)$ に対して

$$\frac{D^\rho \tau \bullet \tau'}{\tau\tau'} = \sum_\lambda z_{\lambda\rho} K_\lambda$$

を満たす整数 $z_{\lambda\rho}$ が一意的に存在する．したがって特に

$$\dim Hir(n) = |OSP(n)|$$

である．

　論説には KdV と同様の表が書かれている(次ページ表IV-3とする)．

GDS基底は以下のようになっている．これが表Ⅳ-4だ．少しだけ説明しよう．表Ⅳ-3の$n=2$については

$$\frac{D_x^2\tau \bullet \tau'}{\tau\tau'} = u - (v_x - v^2)$$

ρ	(1^2)
K_2	0

ρ	(1^3)	(3)
K_3	1	1

ρ	(1^4)	(13)
K_{31}	2	-1

ρ	(1^5)	$(1^2 3)$	(5)
K_5	1	1	1

ρ	(1^6)	$(1^3 3)$	(3^2)	(15)
K_{51}	4	1	-2	-1

ρ	(1^7)	$(1^4 3)$	(13^2)	$(1^2 5)$	(7)
K_7	1	1	1	1	1

ρ	(1^8)	$(1^5 3)$	$(1^2 3^2)$	$(1^3 5)$	(35)	(17)
K_{71}	6	3	0	1	-2	-1
K_{53}	14	-1	2	-1	-1	0

表Ⅳ-3 ●広田微分の係数

	v
K_1	1

	v_2	v^3
K_3	1	-2

	vv_2	v_1^2	v^4
K_{31}	1	-10	-1

	v_4	$v^2 v_2$	vv_1^2	v^5
K_5	1	-10	-10	6

	vv_4	$v_1 v_3$	v_2^2	$v^3 v_2$	v^6
K_{51}	1	-2	1	-10	4

	v_6	$v^2 v_4$	$vv_1 v_3$	vv_2^2	$v_1^2 v_2$	$v^4 v_2$	$v^3 v_1^2$	v^7
K_7	1	-14	-56	-42	-70	70	140	-20

	vv_6	$v_1 v^5$	$v_2 v_4$	v_3^2	$v^3 v_4$	$v^2 v_1 v_3$	$v^2 v_2^2$	$vv_1^2 v_2$	v_1^4	$v^5 v_2$	$v^4 v_1^2$	v^8
K_{71}	1	-2	2	-1	-14	-28	-56	-14	21	70	70	-15
K_{53}	0	0	1	-1	-2	12	-6	-14	1	14	-10	-3

表Ⅳ-4 ●広田微分空間の基底

なのでミウラ変換（∗）より右辺は 0 となる．また表IV-3 より mKdV 方程式系は奇数 n に対して

$$v_{t_n} = (K_n)_x$$

という発展方程式のヒエラルキーとして表示されることがわかる．右辺についてはミウラ変換を用いれば

$$(K_{n+1})_x = u_{t_n} = (v_x - v^2)_{t_n} = v_{t_n x} - 2vv_x = (\partial^2 - 2v\partial)K_n$$

と，KdV のゲルファント-ディキー多項式と結びつくことがわかる．GDS 基底については mKdV 方程式系に関しても皆目分からないのだが，一つだけ表IV-4 から観察した予想を書いておくことにする．

$$(K_{n,1})_x = D_x(K_n \bullet K_1)$$

　一応，$n = 3, 5, 7$ で確認済みである．もう一つ検証済みの式を書いておく．

$$(K_{531})_x = D_x(K_1 \bullet K_{53} - K_3 \bullet K_{51} + K_5 \bullet K_{31}).$$

mKdV 方程式系でも表IV-3 を線型写像 η の行列 $(z_{\lambda\rho})$ だと思い，双対写像 η^* を考えれば KdV 方程式系の場合と同様の観察結果を得る．n を自然数，$\lambda \in OSP(n)$ とするとき

$$\sum_{\rho \in OP(n)} z_{\lambda\rho} \frac{t^\rho}{\rho!} = Q_\lambda(t)$$

というものだ．

ブラウアー-シューア函数

　変形ではないもとの KdV 方程式系に戻ろう．何度も言うように KdV 方程式系は KP 方程式系の 2 リダクションである．その広田表示に対称群のスピン指標が Q 函数の形となって登場した．端的に言えば KdV 方程式系は対称群のスピン指標の直交性にほかならないのだ．スピン指標は 2 という数に特化した量である．2 リダクションはいささか奇妙ではあるが，これで理解できるとして，一般の r リダクションはどのように対称群の指標と関連付けられるのだろうか．数学者なら誰だってこういうふうに考えたくなるのである．いったんスピン指標から離れ，「似たもの」を持ってきて 2 リダクションを再考する必要があるのではないか．このような観点から私は対称群のブラウアー指標に着目した．対称群のモジュラー表現論である．つまり標数 $p > 0$ の体の上での表現論

だ．難しい一般論はさておき，指標表だけを見ていろいろ実験してみるのだ．
G. ジェームズと A. カーバーのモノグラフ "The Representation Theory of the Symmetric Group" [22] の後ろの方に既約ブラウアー指標が $p = 2, 3$ について $n = 10$ まで表になっている．ただし $p = 2$, $n = 10$ の数値にはかなりのミスプリントがあるので注意が必要だ．$p = 2$ のブラウアー指標表，一つだけ例をあげよう．$n = 7$ の表だ（表IV-5）．

　言い忘れたが $p = 2$ のモジュラー既約表現はストリクト分割 λ でラベル付けされる．そしてブラウアー指標は奇数分割 ρ に対応する共軛類の上での値 $\phi_{\lambda\rho} \in \mathbb{Z}$ だけを考えるのだ．$p = 2$ のブラウアー指標表とは正方行列 $(\phi_{\lambda\rho})$ のことだ．対称群の（通常）指標表からシューア函数を拵えるのと同じ処方でこのブラウアー指標表から「ブラウアー-シューア函数」なるものを作る．つまりストリクト分割 $\lambda \in SP(n)$ に対して

$$B_\lambda(t) = \sum_{\rho \in OP(n)} \phi_{\lambda\rho} \frac{t^\rho}{\rho!}$$

とするのだ．Q 函数と住んでいる空間が同じであることに注意したい．数年前に実験を通して気がついて，今に至るもきちんと証明できていないことがある．

$$\mathbb{Q}\{Q_\lambda(t); \lambda \in ESP(n) \ (\text{resp. } OSP(n))\}$$
$$= \mathbb{Q}\{B_\lambda(t); \lambda \in ESP(n) \ (\text{resp. } OSP(n))\}.$$

左辺の空間はちょっと前に述べたように KdV(resp. mKdV)方程式系の広田微分空間 $Hir(n)$ の双対空間に同型である．つまり方程式系に根ざした空間なのだ．だからこれを $p = 2$ のブラウアー指標のこととして理解できれば，2 リダクションのみならず一般の素数 p に対する p リダクションも対称群の指標を軸に展開できるのではないか，という期待がある．

　Q 函数の空間の基底変換を考える．つまり $\lambda \in SP(n)$ に対して

$$Q_\lambda(t) = \sum_{\mu \in SP(n)} t_{\lambda\mu} B_\mu(t)$$

により有理数 $t_{\lambda\mu}$ を導入し，これを並べて正方行列 $T_n = (t_{\lambda\mu})_{\lambda, \mu \in SP(n)}$ を考察する．たとえば

	(1^7)	(1^43)	(13^2)	(1^25)	(7)
(7)	1	1	1	1	1
(61)	6	3	0	1	-1
(52)	14	2	-1	-1	0
(43)	8	-4	2	-2	1
(421)	20	-4	-1	0	-1

表IV-5 ●ブラウアー指標

$$T_8 = \begin{bmatrix} 1 & 0 & 0 & 0 & 0 & 0 \\ 0 & 1 & 0 & 0 & 0 & 0 \\ 0 & 0 & 1 & 0 & 0 & 0 \\ 0 & 1 & 0 & 1 & 0 & 0 \\ 0 & -2 & -2 & -1 & 1 & 0 \\ 2 & 1 & 2 & 0 & -1 & 1 \end{bmatrix}$$

となる. ただしここで行, 列のラベルは $(8), (71), (62), (53), (521), (431)$ の順である. すぐに気がつくことは

（1）　$t_{\lambda\mu} \in \mathbb{Z}$,

（2）　$t_{\lambda\lambda} = 1$,

（3）　$t_{\lambda\mu} = 0$　（$\lambda \leqq \mu$ でないとき）

であろう. ここで $\lambda \leqq \mu$ はドミナンス順序を表す. つまり $\lambda = (\lambda_1, \lambda_2, \cdots)$, $\mu = (\mu_1, \mu_2, \cdots)$ のとき

$$\lambda_1 + \cdots + \lambda_i \leqq \mu_1 + \cdots + \mu_i \qquad (i = 1, 2, \cdots)$$

ということだ. せっかく下三角行列なのに, 負の整数が現れるところがちょっといやらしい. そこで $\lambda, \mu \in ESP(n)$ (resp. $OSP(n)$) に制限して T_n^{even} (resp. T_n^{odd}) を作る. KdV (resp. mKdV) 方程式系に関係する行列だ. これも例を挙げておこう.

$$T_{16}^{\mathrm{even}} = \begin{bmatrix} 1 & 0 & 0 & 0 & 0 & 0 \\ 0 & 1 & 0 & 0 & 0 & 0 \\ 0 & 0 & 1 & 0 & 0 & 0 \\ 0 & 1 & 0 & 1 & 0 & 0 \\ 2 & 0 & 2 & 1 & 1 & 0 \\ 0 & 1 & 0 & 1 & 1 & 1 \end{bmatrix}.$$

ただし行, 列のラベルは $(16), (14, 2), (12, 4), (10, 6), (10, 4, 2), (8, 6, 2)$ である. ここでは成分に負の整数が現れない. なんらかの分解行列と考えられるのではないか. 表現論的な理解が望まれる.

まとめ

　KdV や mKdV 方程式系に関連して，対称群の表現論の問題が派生している
わけだ．いずれにしてもこういう非線型微分方程式に対称群の指標が関連して
いる，あるいは遠くで糸を引っ張っていると考えるのは痛快なことだ．

　佐藤はここでの表IV-1 にあたるものを KdV, mKdV のみならず非線型シュ
レディンガー(NLS)方程式系，また[46]収録「広田氏の Bilinear Equations に
ついて(II)」で，沢田-小寺(SK)方程式系，そして KP 方程式系について載せて
いる．ついでにいうと[46]での著者は佐藤幹夫-佐藤泰子だ．この表だけから
のはずはないのだが，佐藤先生はこれらの実験を通して，KP 方程式系が無限
次元グラスマン多様体上の力学系であることを見抜いたのである．『佐藤幹夫
講義録』(数理解析レクチャーノート刊行会)[47]の前書きに曰く．「蓄積した材
料をそんなに使わなかったので，ずいぶん廻り道をしてしまったな」

　私としてはその蓄積された材料をせっかくだからもう少し自分なりに見直そ
うという気持ちがあった．まだ道半ばである．広田双線型方程式が指標の直交
関係である，との見方はそれなりに面白い視点ではないかと思う．昔，野海正
俊氏が何気なく言った言葉「広田はきっと何かの直交性だよ」をいまさらなが
ら噛み締めている．

ヴィラソロ代数のフォック表現

ヴィラソロ代数

　集中講義の最後はヴィラソロ代数の話をしよう．無限次元のリー環である．前著『組合せ論プロムナード［増補版］』でも最後はこのリー環だった．そこでずいぶん詳しく書いたのだが，もう一つだけ加えたい事項があるので，この場を借りて記しておきたい．4時限までの佐藤理論の流れの中でヴィラソロ代数の表現を捉えるのだ．

　まず定義を書いておく．ヴィラソロ代数とは，無限次元ベクトル空間 $V = \left(\bigoplus_{k \in \mathbb{Z}} \mathbb{C}\ell_k \right) \oplus \mathbb{C}z$ であり，次のブラケット積を持つものである．

$$[\ell_k, \ell_m] = (k-m)\ell_{k+m} + \frac{1}{12}(k^3-k)\delta_{k+m,0}z,$$

$$[V, z] = \{0\}$$

　元 z はどの元ともブラケット積が 0 となる．リー環論ではこのようなものを中心元と呼ぶ．そもそもブラケット積が交換子の抽象化なので，それが 0 ということはどの元とも可換であることを意味する．だから中心だ．ブラケット積に現れる $\frac{1}{12}$ は行きがかり上のもので本質的ではない．z のスケール変換でいくらでも調節できるが自然な表現をこしらえると出てくる量なので伝統的に珍重しているだけだ．ついでに言うと「コサイクル」k^3-k も ℓ_0 を少しいじることにより k^3 に変更することができる．まあここでは上の定義式をそのまま採用することにしよう．Miguel Virasoro (1940-2021)，アルゼンチンで生まれイタリアで活躍した物理学者である．素粒子論での弦模型の母体となった「双対共鳴模型」において散乱を記述するために導入されたのがこのリー環である．1 次元の中心を持つという意味では非自明な感じもするが，カッツ-ムーディなどに比べればすこぶる簡単なリー環と言えよう．部分リー環 $\mathbb{C}\ell_{-1} \oplus \mathbb{C}\ell_0 \oplus \mathbb{C}\ell_1$ は単純リー環 $\mathfrak{sl}(2, \mathbb{C})$ と同型であるが，これがどのくらい大切なことなのか，

私にはわからない.

　上で「自然な表現」と書いた. それを与えよう. 舞台, すなわち表現空間は $V = \mathbb{C}[t_j ; j \geqq 1]$ という無限変数多項式環である. 今後多項式の「次数」が頻繁に登場するが, 便宜上 $\deg t_j = j$ と約束しておく. もし各 t_j に次数 1 を持たせると, 無限変数なので, 斉次多項式の空間が無限次元になってしまうが, このように約束しておけば n 次斉次多項式の空間は $p(n)$ 次元となるので都合がよいのだ. $j \geqq 1$ に対して V 上の作用素を $a_j = \dfrac{1}{\sqrt{2}}\partial_j = \dfrac{1}{\sqrt{2}}\dfrac{\partial}{\partial t_j}$, $a_{-j} = \sqrt{2}\, jt_j$ と定義する. また $a_0 = 0$ とする. ちょっと奇妙に見える $\sqrt{2}$ の意味はよくわからない. これらはハイゼンベルクの関係式

$$[a_j, a_i] = j\delta_{j+i,0}\,\mathrm{id}$$

を満たす. ここでのブラケットは交換子 $a_j a_i - a_i a_j$ である. 作用素 L_k を

$$L_k = \frac{1}{2}\sum_{j \in \mathbb{Z}} a_{-j} a_{j+k} \quad (k \neq 0), \qquad L_0 = \sum_{j \geqq 1} a_{-j} a_j$$

とおく. これがヴィラソロ代数の関係式を満たすことは直接計算で確かめられる. 無手勝流にやると混乱するが, 交換子の等式

$$[a, bc] = [a, b]c + b[a, c]$$

を用いれば少し楽になるので自分で確かめてほしい. つまり

$$\ell_k \mapsto L_k, \ z \mapsto \mathrm{id}$$

がヴィラソロ代数 V の V 上の表現となる. これを「フォック表現」と呼ぶことにする. 部分リー環 $\mathfrak{sl}(2, \mathbb{C})$ に制限すると形が似ていることから,「ヴェイユ表現」と洒落た名前で呼んでいた時期もあったが, 結局大勢に合わせてフォックに落ち着いた.

　参考のため具体形をいくつか挙げておく.

$$L_0 = \sum_{j \geqq 1} jt_j\partial_j,$$

$$L_1 = \sum_{j \geqq 1} jt_j\partial_{j+1}, \qquad\qquad L_{-1} = \sum_{j \geqq 2} jt_j\partial_{j-1}$$

$$L_2 = \frac{1}{4}\partial_1^2 + \sum_{j \geqq 1} jt_j\partial_{j+2}, \qquad L_{-2} = t_1^2 + \sum_{j \geqq 3} jt_j\partial_{j-2}$$

$$L_3 = \partial_1\partial_2 + \sum_{j \geqq 1} jt_j\partial_{j+3}, \qquad L_{-3} = 4t_1t_2 + \sum_{j \geqq 4} it_j\partial_{j_0}$$

　このフォック表現は完全可約である. つまり表現空間 V が既約な不変部分空間の直和に分解されるのである. その分解の様子を具体的に見てみよう. リ

一環 V の正部分 $V^+ = \bigoplus_{k \geqq 1} \mathbb{C}\ell_k$ を作用させたときに 0 になる多項式 $f \in V$ を「特異ベクトル」と呼ぶ. つまり $L_k(f) = 0\ (k \geqq 1)$ となるものだが, L_k が次数 k の斉次作用素であるため f として斉次なものを考えればよい. また正部分 V^+ は ℓ_1 と ℓ_2 で生成されるのでこの 2 つで消えていれば十分だ. 特異ベクトルが見つかれば, それに $V^- = \bigoplus_{k \geqq 1} \mathbb{C}\ell_{-k}$ を次々に作用させることにより, 既約な不変部分空間が組み立てられる. その意味で特異ベクトルは「最高ウエイトベクトル」になるのだ. 要するに既約成分の生成元なのだ. ウエイトとは ℓ_0 の固有値のことだ. 最高ウエイトとは(最高という語とは裏腹だが)既約成分の固有値のうち一番小さいものである. 我々のフォック表現では ℓ_0 の作用 L_0 はオイラー作用素, すなわち斉次多項式に対してその次数を固有値として拾ってくるものである. さてシーガル(G. Segal 1941-)[48]と脇本-山田[49]によって特異ベクトルがすべて求められている. 1983 年のことで, これが私のデビュー作となった. 今ここでは触れないが, シーガルよりも少し一般にパラメータを入れて考察している.

●定理 V-1 ─────

特異ベクトルは次のもので尽きている.

$$\{S_{(r^r)}(2t)\ ;\ r \geq 0\}.$$

ここで分割 (r^r) は $r \times r$ の正方形のヤング図形である. 対応するシューア函数の次数, つまり最高ウエイトは r^2 である. この特異ベクトルで生成される既約表現を $L(r^2, 1)$ と書く. 括弧の中の 1 はセントラルチャージ, すなわち z の固有値である. 特異ベクトルが上のもので尽きることから, フォック表現の既約分解が完成する. すなわち

$$V \cong \bigoplus_{r=0}^{\infty} L(r^2, 1).$$

KP 方程式系の広田微分空間

上述のヴィラソロ代数を KP 方程式系と関連付けよう. KP 方程式系をちょっとだけ復習する. ラックス形式を使おう. 1 階の擬微分作用素

$$L = \partial_x + \sum_{i=2}^{\infty} u_i \partial_x^{1-i}$$

を出発点とする. ポテンシャル函数(すなわち未知函数) u_i は可算個準備される.

作用素の方程式系

$$\frac{\partial L}{\partial t_n} = [B_n, L] \qquad (n = 1, 2, 3, \cdots)$$

を KP 方程式系と呼ぶ. ここで B_n は擬微分作用素 L^n の「微分作用素部分」だ. タウ函数 τ は

$$u_2 = (\log \tau)_{xx}$$

により定義されるものの一つだ. ほかの u_i も τ の微分有理式で書かれる. つまりタウ函数がより本質的な未知函数というわけだ. 4時限の KdV 方程式系と若干スカラー倍がずれているが, ここでは佐藤幹夫-佐藤泰子の講究録の論説[46]に従う. ただし記号は4時限と同様のものを用いる. すなわち自然数 n の分割 $\rho = (1^{m_1} 2^{m_2} \cdots)$ に対して

$$\partial^{\rho} = \partial_1^{m_1} \partial_2^{m_2} \cdots, \qquad D^{\rho} = D_1^{m_1} D_2^{m_2} \cdots$$

として微分作用素の空間, 広田微分空間をそれぞれ次のように定義する. ここで KP 方程式系のタウ函数 τ を一つ決めている. 形式的な解で構わない. また係数体はヴィラソロ代数に合わせて $\mathbb{C}$ にしておく.

$$D(n) = \mathbb{C}\{\partial^{\rho}; \rho \in P(n)\}, \qquad Hir(n) = \mathbb{C}\left\{\frac{D^{\rho} \tau \bullet \tau}{\tau^2}; \rho \in P(n)\right\}.$$

線型写像

$$\eta_n \colon D(n) \ni \partial^{\rho} \mapsto \frac{D^{\rho} \tau \bullet \tau}{\tau^2} \in Hir(n)$$

を考える. 佐藤の定理は以下の通りである.

●定理 V-2 ─────────────────────────────

KP 方程式系の解であるタウ函数を $\tau = \tau(t)$ とする. このとき任意の自然数 n に対して, $u_2, u_3, \cdots$ の微分多項式 $K_i^{(n)}$ $(i = 1, 2, \cdots d_n)$ が存在して $Hir(n)$ の基底をなす. つまり任意の分割 $\rho \in P(n)$ に対して

$$\frac{D^{\rho} \tau \bullet \tau}{\tau^2} = \sum_{i=1}^{d_m} z_{i\rho} K_i^{(n)}$$

を満たす整数 $z_{i\rho}$ が一意的に存在する．ここで $d_n = \dim Hir(n)$ は $p(n)-p(n-1)$ に等しい．

　講究録の論説には証明は書かれておらず，実験で得られた表が載っている．まず $d_1 = 0$ が特徴的である．$n = 2, 3, 4, 5, 6$ では表は以下のようになっている（表 V-1）．

　表の見方はよいだろうか．たとえば $n = 6$ の表の一番右側の列は

$$\frac{D_1^6 \tau \bullet \tau}{\tau^2} = K_1^{(6)} - 5K_2^{(6)} + 10K_3^{(6)} - 30K_4^{(6)}$$

ということを示している．論説には $n = 11$ までの表が載っているが，基底 $K_i^{(n)}$ の具体形は書かれていない．KdV の場合と異なり，η_n を表現する行列 $Z_n = (z_{i\rho})_{i\rho}$ が上三角になるように基底が選ばれているのである．

　双対写像に移ろう．双対空間 $D(n)^*$ の双対基底を

$$\left\{ \frac{t^\rho}{\rho!}; \rho \in P(n) \right\}$$

とする．ここで $\rho = (1^{m_1} 2^{m_2} \cdots)$ に対して $\rho! = m_1! m_2! \cdots$ である．また $Hir(n)^*$ の双対基底を

$$\{ \phi_i^{(n)}; i = 1, 2, \cdots, d_n \}$$

とする．η_n の双対写像

$$\eta_n^* : Hir(n)^* \longrightarrow D(n)^*$$

は

ρ	(1^2)
$K_1^{(2)}$	1

ρ	(12)
$K_1^{(3)}$	1

ρ	(13)	(2^2)	(1^4)
$K_1^{(4)}$	1	1	1
$K_2^{(4)}$	0	1	-3

ρ	(14)	(23)	$(1^3 2)$
$K_1^{(5)}$	1	1	1
$K_2^{(5)}$	0	1	-2

ρ	(15)	(24)	(3^2)	$(1^3 3)$	$(1^2 2^2)$	(1^6)
$K_1^{(6)}$	1	1	1	1	1	1
$K_2^{(6)}$	0	1	1	-2	-1	-5
$K_3^{(6)}$	0	0	1	1	-2	10
$K_4^{(6)}$	0	0	0	3	-2	-30

表 V-1 ●広田微分の係数

$$\eta_n^*(\phi_i^{(n)}) = \sum_{\rho \in P(n)} z_{i\rho} \frac{t^\rho}{\rho!}$$

で与えられる. η_n が全射であることから η_n^* は単射である. したがって $Hir(n)^*$ と多項式の空間 $\eta_n(Hir(n)^*)$ が同一視される. また次数に関して直和をとって単射

$$\eta^* : \bigoplus_{n=0}^{\infty} Hir(n)^* \longrightarrow \bigoplus_{n=0}^{\infty} D(n)^*$$

が自然に定義される.

ヴィラソロ代数との関係

KP方程式系の広田微分空間とヴィラソロ代数と関係があるという主張をする. ヴィラソロ代数のフォック表現の定数 1, すなわち $S_\emptyset(t)$ を最高ウエイトベクトルとする既約成分を $V_\emptyset$ と書く. これは最高ウエイト 0 の既約加群 $L(0,1)$ と同型である. 脇本-山田の論文 [50] の後半で得られている結果は以下の通りだ.

●**定理 V–3** ─────────

$$\eta^*\left(\bigoplus_{n=0}^{\infty} Hir(n)^*\right) = V_\emptyset.$$

たとえば $n = 4$ の場合の計算を実際にお見せしよう.

$$L_{-4}(1) = 4t_2^2 + 6t_1 t_3, \qquad L_{-2}^2(1) = t_1^4 + 6t_1 t_3$$

であり, この2本が V の4次斉次部分の基底となる. この係数を見て

ρ	(13)	(2^2)	(1^4)
L_{-4}	6	8	0
L_{-2}^2	6	0	24

という行列を作る. これと前に掲げた Z_4 が行基本変形で移り合う, ということなのだ.

この定理は脇本-山田の論文では違う表現で書かれている. (この「表現」は数学用語ではなく日常用語である.) 最近になって佐藤-佐藤の表の意味がわかり, 自分の昔の仕事に結びつけて考えることができた, という経緯である.

脇本-山田に証明は与えられており，それはヴィラソロ代数のフォック表現のテンソル積を考えることがキーとなっている．そういうふうに考えたらよいとカッツ（V. G. Kac 1943- ）に教わったのだ．本質的なことは V_0 の n 次斉次部分の次元と $Hir(n)$ の次元の一致であり，これはヴィラソロ代数と KP 方程式系，あるいはグラスマン多様体との運命的な結びつきの現れだろうと考える．その本質に迫りたい．まだまだ考えるべきことはいろいろあるのだ．

　全5時限の集中講義にお付き合いくださった読者には感謝する．わからないことが多すぎるのはありがたいことだ．老後の楽しみである．

　さよなら．

[1]J. H. Grace, A. Young, *The Algebra of Invariants*, Cambridge University Press, 1903

[2]堀田良之,『加群十話 —— 代数学入門』, 朝倉書店, 1988

[3]岩堀長慶,『対称群と一般線型群の表現論 —— 既約指標・Young 図形とテンソル空間の分解』, 岩波書店, 1978, 2019(岩波オンデマンドブックス)

[4]H. Weyl, *The Classical Groups: Their Invariants and Representations*, Princeton University Press, 1939

[5]服部昭,『群とその表現』, 共立出版, 1967

[6]M. Noumi, H. Yamada, K. Mimachi "*Finite dimensional representations of the quantum group $GL_q(n ; C)$ and the zonal spherical functions on $U_q(n-1)\backslash U_q(n)$*" Japan. J. Math. 19 (1), 31-80, 1993

[7]木村弘信,『超幾何関数入門 —— 特殊関数への統一的視点からのアプローチ』, サイエンス社, 2007

[8]原岡喜重,『超幾何関数』, 朝倉書店, 2002

[9]日本数学会(編),『岩波 数学辞典 第4版』, 岩波書店, 2007

[10]寺田至,『ヤング図形のはなし』, 日本評論社, 2002

[11]有木進,「Robinson-Schensted 対応と left cell」,『数理解析研究所講究録』705, 1-27, 1989

[12]リチャード・P. スタンレイ(著), 成嶋弘, 山田浩, 渡辺敬一, 清水昭信(訳),『数え上げ組合せ論1』, 日本評論社, 1990

[13]岩村聯,『束論』, 共立出版, 1966, 2009(復刊版)

[14]J. B. Olsson, *Combinatorics and Representations of Finite Groups*, Vorlesungen aus dem Fachbereich Mathematik der Univ. Essen, Heft 20, 1993
https://web.math.ku.dk/~olsson/manus/comb_rep_all.pdf

[15]M. Ando, T. Suzuki, H.-F. Yamada, "*Combinatorics for graded Cartan matrices of the Iwahori-Hecke algebra of type A*", Ann. Combin. 17 (3), 427-442, 2013

[16]M. Ando, H.-F. Yamada, "*Products of parts in class regular partitions*", Hiroshima Math. J. 47 (1), 15-18, 2017

[17]堀田良之『代数入門 —— 群と加群』, 裳華房, 1987, 2021(新装版)

[18]C. Bessenrodt, J. B. Olsson, R. P. Stanley, "*Properties of some character tables related to the symmetric groups*", J. Algebraic Combin. 21 (2), 163-177, 2005

[19]D. E. Littlewood, *The Theory of Group Characters and Matrix Representations of Groups*, 2nd ed., Clarendon Press, 1950, AMS, 2006

[20]S. Ariki, T. Nakajima, H.-F. Yamada, "*Reduced Schur functions and the Littlewood-Richardson coefficients*", J. London Math. Soc. 59, 396-406, 1999

[21]S. Ariki, T. Nakajima, H.-F. Yamada, "*Weight vectors of the basic $A_1^{(1)}$-module*

and the Littlewood-Richardson rule", J. Phys. A: Math. Gen. 28 (13), L357-L361, 1995

[22] G. D. James, A. Kerber, *The Representation Theory of the Symmetric Group*, Addison-Wesley, 1981, Cambridge University Press, 1985

[23] 永尾汎, 津島行男『有限群の表現論』, 裳華房, 1987, 2001(復刊版)

[24] J. P. セール(著), 岩堀長慶, 横沼健雄(訳), 『有限群の線型表現』, 岩波書店, 1974, 2019(岩波オンデマンドブックス)

[25] K. Uno, H.-F. Yamada, "*Elementary divisors of Cartan matrices for symmetric groups*", J. Math. Soc. Japan 58 (4), 1031-1036, 2005

[26] K. Erdmann, M. J. Wildon, *Introduction to Lie Algebras*, Springer, 2006

[27] 松島与三, 『リー環論』, 共立出版, 1956(初版), 2010(復刊版)

[28] V. G. Kac, *Infinite Dimensional Lie Algebras*, Birkhäuser, 1983(初版)

[29] 脇本実, 『無限次元リー環』, 岩波書店, 2008

[30] 阿部英一, 『ホップ代数』, 岩波書店, 1977, 2017(岩波オンデマンドブックス)

[31] T. Friedmann, P. Hanlon, R. P. Stanley, M. L. Wachs, "*On a generalization of Lie(k): A CataLAnKe theorem*", Advances Math. 380, 107570, 2021

[32] I. G. Macdonald, *Symmetric Functions and Hall Polynomials*, 2nd ed., Oxford University Press, 1995

[33] R. P. Stanley, *Enumerative Combinatorics*, Vol. 2, Cambridge University Press, 1999, 2nd ed., 2023

[34] W. Fulton, J. Harris, *Representation Theory: A First Course*, Springer, 1991

[35] R. Goodman, N. R. Wallach, *Representations and Invariants of the Classical Groups*, Cambridge University Press, 1998

[36] 池田岳, 『数え上げ幾何学講義——シューベルト・カルキュラス入門』, 東京大学出版会, 2018

[37] 彌永昌吉, 布川正巳(編), 『代数学』, 岩波書店, 1968

[38] 佐藤幹夫(述), 野海正俊(記), 「ソリトン方程式と普遍グラスマン多様体」, 『上智大学数学講究録』18, 1984

[39] 高木貞治, 『解析概論』, 岩波書店, 1961(改訂第3版), 2010(定本)

[40] 広田良吾, 『直接法による ソリトンの数理』, 岩波書店, 1992, 2013(岩波オンデマンドブックス)

[41] 山田裕史, 「[書評] 広田良吾：直接法によるソリトンの数理」, 『数学』51巻1号, 岩波書店, 1999

[42] Y. Matsuno, *Bilinear Transformation Method*, Academic Press, 1984

[43] 佐藤幹夫(述), 浪川幸彦(記), 「超函数と層Cをめぐって——代数解析学序論」, 『数理解析研究所講究録』126, 1971

[44] 佐藤幹夫, 毛織泰子, 「広田氏のBilinear Equationsについて」, 『数理解析研究所講究録』388, 183-204, 1980

[45] ロバート・ミウラ（述），梶原健司，及川正行（訳），「ソリトンと逆散乱法——歴史的視点から(1)(2)」，『数学セミナー』(1)2008 年 8 月号，32-38，(2)2008 年 9 月号，44-49

[46] 佐藤幹夫，佐藤泰子，「広田氏の Bilinear Equations について(Ⅱ)」，『数理解析研究所講究録』414，181-202，1981

[47] 佐藤幹夫（述），梅田亨（記），『佐藤幹夫講義録(1984 年度・1985 年度 1 学期)』，数理解析レクチャー・ノート刊行会，1989

[48] G. Segal, "*Unitary representations of some infinite dimensional groups*", Commun. Math. Phys. 80, 301-362, 1981

[49] M. Wakimoto, H. Yamada, "*Irreducible decompositions of Fock representations of the Virasoro algebra*", Lett. Math. Phys. 7, 513-516, 1983

[50] M. Wakimoto, H. Yamada, "*The Fock representations of the Virasoro algebra and the Hirota equations of the modified KP hierarchies*", Hiroshima Math. J. 16, 427-441, 1986

索 引

山田裕史
やまだ・ひろふみ

1956 年，東京都に生まれる.
1979 年，早稲田大学理工学部数学科卒業.
1985 年，広島大学大学院理学研究科数学専攻博士後期課程単位取得退学.
1987 年，理学博士(広島大学).
琉球大学助手，東京都立大学助手，助教授，北海道大学助教授，岡山大学教授，
熊本大学教授を経て，
現在，岡山大学名誉教授.
専門は表現論.
著書に『組合せ論プロムナード[増補版]』(日本評論社)がある.

組合せ論トレイル
くみあわせろん

2024 年 7 月 5 日　第 1 版第 1 刷発行

著者————山田裕史

発行所————株式会社　日本評論社

　　　　　　〒170-8474　東京都豊島区南大塚 3-12-4
　　　　　　電話 03-3987-8621（販売）　03-3987-8599（編集）

印刷————株式会社　精興社

製本————牧製本印刷株式会社

装丁————STUDIO POT（沢辺 均+山田信也）／ヤマダデザイン室（山田信也）

組合せ論プロムナード

[増補版]
山田裕史[著]

**組合せ論を通して感じる
現代数学の研究の息吹**

黄金比、石取りゲームなどの初等的な話題から近年
の成果まで、組合せ論への一味違う入門書が、ヴィラ
ソロ代数の進展を増補してリニューアル。

■A5判 ■定価**2,860**円(税込) ISBN978-4-535-79017-9

線形代数と数え上げ

[増補版]
髙崎金久[著]

**古くて新しい数え上げの
世界へようこそ!**

線形代数の道具を駆使して、さまざまな数え上げ問題
を解く、代数的組合せ論への招待。新たに幅広い応用
をもつ「フック公式」を増補した。

■A5判 ■定価**3,190**円(税込) ISBN978-4-535-78961-6

数え上げ組合せ論入門

[改訂版]
成嶋 弘[著]

旧版にあった長いプログラムリストを除き、代わりに
「置換群による同値類の数え上げ」の章を追加した。
組合せ論に登場する種々の概念が、ここで述べる
コーシー－フロベニウスの定理に昇華されることが
分かる。

■A5判 ■定価**3,300**円(税込) ISBN978-4-535-60138-3

🐸 日本評論社
https://www.nippyo.co.jp/